Decryption Baking Candy

麥田金老師的解密烘焙

糖果

作者·麥田金

Contents

目錄

Part 1
在煮糖之前

Special Column

Part
2
酥、脆、硬－硬糖系列

Part 3
香、軟、綿－軟糖系列

Part 4
香、Q、彈牙－凝膠類軟糖

Part 5
濃郁香醇－巧克力系列

附錄：烘焙材料行資訊表

求新、求變、求知，
學無止境的麥田金～

　　台灣這幾年牛軋糖風行，幾乎和鳳梨酥一樣成為麵包店必備伴手禮，種類跟花樣之多，不勝枚舉，而且坊間出版的相關書籍更如雨後春筍。自中華穀類食品工業技術研究所畢業的麥田金老師，對於糖果研發、製做很有興趣，亦樂意與好朋友分享學習所得，為了更深入了解糖果的奧妙，更負笈前往美國衛爾通蛋糕裝飾學校、日本菓子學校、法國藍帶廚藝學院高級西點班等名校進修，甚至到靜宜食品研究所做專業研究，這種好學求知之精神成就她的理論與實務一致，研發的產品很有創意，每次推出都受到市場非常好的回響。

　　麥老師一直希望把經驗傳承，回饋社會及學員，如今她找到現今最流行，也是大家最希望手上擁有的一本書—糖果製作專書《麥田金老師的解密烘焙：糖果》。從糖果的起源、定義、分類開始，介紹糖果製作相關知識，其中包括：糖和麥芽的種類，製作糖果各種乳製品及堅果特性及分類，各種凝膠材料特性比較，以及新鮮蛋白及蛋白霜粉的特性比較，最後到各種糖類的熱量及甜度比較等等。

　　本書從原料、工具介紹到製作技術及包裝應用含蓋內容非常廣泛，共有 4 大類糖果、11 個細項，60 種產品，在各個細項中，我特別喜愛傳統的古早味冬瓜茶磚、掛霜腰果、酸梅棒棒糖、香脆花生糖及法式白巧克力蔓越莓米香、三色綿花糖、焦糖太妃牛奶糖、杏仁蔓越莓牛軋糖和不添加奶粉的義式經典咖啡核桃牛軋糖、柳橙口味的法式水果軟糖、葡萄 QQ 水果糖以及覆盆子生巧克力。

　　作者花了很多時間蒐集、整理本書資料，希望本書為提供為糖果教學、糖果伴手禮製作及參與各種糖果研發、創意最好的工具書。

中華穀類食品工業技術研究所所長　　施坤河

全台12大烘焙教室聯合推薦

推薦1

2014的年節糖果教學中，麥田金老師明快活潑的教學以及貼近學員們的需求，讓許多學員從此不再害怕「煮糖」這件事而深受學員愛戴！2015年繼續抱持著做給家人吃的理念加上源源不絕的創意及活力，課程再度襲捲全台，不能不收藏的糖果書，絕對值得您擁有！

桃園・全國食材廣場

推薦2

麥神所教的產品，總是讓人吃在嘴裡，甜在心裏，專業技術無庸置疑，班班爆滿，魅力可見一般。此書極盡精華，讓所有人簡單、好學、易上手。是大家必買的一本好書！

土城・好學文創工坊－蕭主任

推薦3

麥田金老師對烘焙有高度的熱情，對此領域有著孜孜以求的深入研究和永不滿足的探索精神，更遠赴國外進修以提升自己的專業知識，進行了深入了解，在吸收新訊後再重新架構出屬於自己的烘焙美味。這樣的創意、活力、理念、魅力、毅力，無一不深受學員愛戴！這麼優秀的老師，出的這一本是書能讓人知其然，知其所以然，又能複製其然，絕對是一本不可多得的經典好書！

桃園・陸光烘焙原料行－曾淑華

推薦4

外型秀麗甜美，魅力無限的麥田金老師，是全方位的點心教師，為能更精進及廣泛學習，遠赴重洋至藍帶廚藝學校及美國威爾通蛋糕裝飾學校研修，將技巧與經驗充分與讀者分享交流，造福更多的糖果愛好者，豐富的內容與架構足以讓新手製糖過程中更快上手，並享受樂趣體會奧妙，衷心推薦讓此書成為大家的得力幫手。

台中・永誠行廚藝教室－紀旭明、廖淑珍

推薦 5

玩烘焙，不僅能玩出高深的學問，也是創造美感的藝術工程。老師在烘焙業的學經歷豐富，為人和善有愛心。「鉅細靡遺」是老師教學的特色，就像在教我們雕琢精緻的藝術品一般，她那充滿熱忱又不藏私的傾囊相授，總是讓我們收穫滿滿。 更讓人佩服的是：老師堅持採用最健康天然的食材，而且輕輕鬆鬆、信手捻來就能做出令人驚豔的作品，不只滿足了大家的求知慾，更是視覺上的極致享受。

嘉義 · **潘老師廚藝教室**

推薦 6

猶記第一次邀約老師授課時，課程被安排在三個月後，當時心想老師怎麼這麼忙，一定是課上得非常得好。當第一次上課時看到活潑可愛的老師上課過程不但沒有冷場，更是無私的將自己所學的全數教授給學員。去年我們曾經上過老師的糖果課，課程內容明定 6 種，當天加碼變成 8 種，讓所有來上課的同學都收穫滿滿，無論是在知識的吸收或者是成品的回饋，都讓大家物超所值。這次老師的糖果工具書內容一樣精彩可期，相信一定會讓大家獲得豐富的知識！

台南 · **朵雲烘焙教室**

推薦 7

發現一瓶好水，令人心曠神怡；尋得一位好老師，令人茅塞頓開！記得麥田金老師初到台南墨菲烘焙教室授課時，細心的她幫學員準備了一整套的學習教材，讓大家在學習路上更加順暢輕鬆。這幾年烘焙業蓬勃發展，個人微創業、家庭工作室、教室、材料行…等，烘焙的觸角早已深入各個角落。但資訊通透的世代，大家在學習上還是常常遇到挫折。如今麥田金老師出了新書，原汁原味呈現麥老師要傳達的理念，相信絕對是眾多烘焙人的福氣。

台南 · **墨菲廚藝教室**

推薦 8

農曆年是烘焙的旺季，更是糖果業的起跑點，此書展現了麥田金老師對糖果的熱愛及敬業的態度，依我個人多年對糖果的認知及了解，此書從選材，製作，保存，到包裝及銷售，處處都是經典之作。藉由這本書，可讓喜愛糖果的朋友，真正感受到糖果的美味及製作的樂趣，進而將這份幸福的果實，分享到台灣，放眼全世界的每一個角落裡，都能品嚐及擁有這一份愛的禮物，並且傳承幸福的廚藝直到永遠！

高雄 · **I Bakery 愛烘焙廚藝教室**

推薦9

長期關注台灣各地農特產的麥田金老師，在烘焙時善於運用在地當令食材，同時更體貼一般主婦或業餘烘焙愛好者，不盲目追求高檔專業器具，而是靈活善用手邊的器具，一樣能做出美味的糖果點心。誰說煮糖一定要銅鍋？其實簡單的一把不沾鍋，一樣能順利煮出美美的糖漿，就讓麥老師來教你怎麼做吧！

屏東 · **愛奶客烘焙教室**

推薦10

糖果，是快樂時的獎勵品，也是悲傷時的慰問品！特殊的魅力，讓人很想親近、很難抗拒。在糖果製作過程中，有時心血來潮多加了一些食材，這點小小變化產生出的創意，就足以讓自己高興好久。本書中，麥田金老師採用了最容易取得的材料及最簡單的製作方式，再加上精確的配方，詳細的圖片，大家都可以輕輕鬆鬆跟著做！希望讓糖果 DIY 成為風氣，如果家中有小孩，建議帶著他們一起動手，相信親子間的感情會過程中更加緊密融合。

台北 · **快樂媽媽 DIY 烘焙食材屋－林欣儀**

推薦11

時下烘焙教室林立，各有專才的烘焙老師如雨後春筍般的一直竄出，但是能有系統的幫學生準備教案的老師卻少之又少，至少目前我只看到一個，那就是麥田金老師。一位能將自己所學無私的授予大家，讓每位學生都能在課程中輕鬆自在的學習的老師。在麥田金老師的無私分享下，相信這本糖果工具書必也能成為大家日後的學習聖經！

台北 · **Amber 手造烘焙學習所－倪淑敏**

推薦12

認識老師時，是在我還是學生的時候，直到現在我已是烘焙教室的負責人，看到老師多年來對烘焙的熱情不減，努力不懈，更遠赴國外進修，只為了想給學員更多更好的烘焙知識及手法。不藏私的教學模式，只想把最好的給學生，現在出版糖果書就像是一本製糖寶典一樣為大家解惑，相信讀者絕對會獲益良多！

竹北 · **36 號廚藝教室**

糖， 是食物的靈魂～

無論口味甜、鹹，做法是蒸、煮、炒、炸、烤、烘、燜，只要加一點糖，就能讓食物更美味。

糖在我們的日常生活中，佔有非常重要的地位。一點點的糖，可以提升您的血糖濃度，可以讓您心情愉快。一點點的糖，可以讓食物增添風味，可以讓食物的色澤更亮麗。

在書中，我們一起來探討糖的由來，從甘蔗開始，到糖的形成，再用糖變化出 60 種不同形態的糖果。

本書的內容編排方式：有很簡單讓烘焙新手可以快速上手的甜點，也有讓已具基礎的神手們挑戰的品項，讓大家可以一起練功，由淺入深，輕鬆學習。

2014 年，從新竹月桂坊出發的糖果嘉年華課程，締造全台 30 多場一位難求的糖果課程佳績，可見大家對自己動手做糖果，都很有興趣，也催生了這本糖果書的上市。

這次的拍攝特別感謝日本料理專門家——林國鈞老師，專程從日本寄了二大箱食器來贊助本書的拍攝，讓書中的糖果們在這些美麗的食器襯托下，顯得更有質感，更動人。

同時感謝麥田金團隊工作人員：小萍、郁展、柏勳、玉雪，參與本書拍攝工作，大家辛苦了。

2015 年，就一起進入多彩多姿的糖果世界，讓我們一起成為糖果達人吧！

麥田金

麥田金老師開課資訊

除了透過文字學習糖果製做外，麥田金老師定期在全台烘焙教室巡迴授課，想要面對面和老師請益的讀者們，也可以洽詢以下教室～

麥田金烘焙教室	03-374-6686	桃園市八德區銀和街 17 號
好學文創工坊	02-8261-5909	新北市土城區金城路二段 386 號 (1 樓) 378 號 (2 樓)
果林烘焙教室	02-2958-2891	新北市板橋區五權街 11 號 1 樓
快樂媽媽烘焙教室	02-2287-6020	新北市三重區永福街 242 號
葛瑞絲廚藝教室	02-2248-3666	新北市中和區中山路二段 228 號 5 樓
探索 172	0918-888-456	台北市大安區敦化南路二段 172 巷 5 弄 4 號
全國食材廣場	03-331-6508	桃園市桃園區大有路 85 號
富春手作料理私廚	03-491-9142	桃園市中壢區明德路 260 號 4 樓
樂活時光手作烘焙教室	0927-620-082	桃園市蘆竹區南順七街 32 巷 5 號 1 樓
月桂坊烘焙教室	03-592-7922	新竹縣芎林鄉富林路二段 281 號之 2
36 號廚藝教室	03-553-5719	新竹縣竹北市文明街 36 號
永誠行	04-2224-9876	台中市民生路 147 號
永誠行（彰化）	04-724-3927	彰化市三福路 195 號
豐圭廚藝教室	04-2529-6158	台中市豐原區市政路 24 號
潘老師廚藝教室	05-232-7443	嘉義市文化路 447 號
CC Cooking 教室	05-536-0158	雲林縣斗六市仁愛路 22 號
墨菲烘焙教室	06-249-3838	台南市仁德區仁義一街 80 號
朵雲烘焙教室	0986-930-376	台南市東區自由路一段 33 號
蕃茄親了土司烘焙教室	0955-760-866	台南市永康區富強路一段 87 號
愛烘焙廚藝教室	0980-337-760	高雄市左營區文自路 613 號
弟禮修斯烘焙教室	0939-520-137	高雄市苓雅區五福一路 137 號
比比烘焙教室	07-2856-658	高雄市前金區瑞源路 146 號
我愛三寶親子烘焙教室	0926-222-267	高雄市前鎮區正勤路 55 號
愛奶客烘焙教室	08-737-2322	屏東市華正路 158 號
宜蘭餐飲協會	0918-888-456	宜蘭縣五結鄉國民南路 5-15 號

Part
1

在煮糖之前

進入糖果世界之前，請先學習麥田金老師特別為讀者書寫的糖果知識，帶您認識糖果原料、種類。學會做糖並沒有那麼的困難，但如果您能吸收更多相關知識，那麼除了照本宣科外，更能突破既定食譜，嘗試做出自己喜愛的糖果風味。

糖果的小知識

糖果的定義

糖果泛指符合以下條件的食品：

一. 砂糖加入水或水果或果汁等，經熬煮濃縮成的食品。

二. 依據 CNS 分類：包括砂糖、轉化糖、葡萄糖、水飴及粉飴等，或在添加乳製品、油脂、水果或堅果、核仁、澱粉、麵粉、蛋白、植物膠、著色劑或膨脹劑等做原料，熬煮而成之飴狀物，將之成型。

三. 以白砂糖、澱粉糖、糖漿，或其他允許使用之甜味劑為主原料製成固態或半固態的甜味食品。

糖果的分類

熬煮糖漿時，依最終溫度及含水率可決定糖的軟硬度，以此可分成：硬糖、軟糖、凝膠軟糖三大類。

硬糖 含水率在 6% 以下。保存期限長。分為全粒式和夾心式。

全粒式：指的是糖漿熬煮完成，調味後，直接入模成型。
夾心式：指的是糖漿熬煮完成，調味後，入模時填入夾心。
填入的夾心又分為：巧克力、糖漿膏、果汁粉、酥粉心這幾種。

軟糖 含水率在 10% 以下。分為咀嚼式、全充氣式、半充氣式。

咀嚼式：糖團成品較硬，需咀嚼後食用，不可直接吞食。
半充氣式：糖團比咀嚼式糖團軟，但不可直接吞食。
全充氣式：糖團製做過程打入大量空氣，成品較軟，入口即化。

凝膠軟糖 　含水率較高，保存期限較短。
　　　　　　　本書採用四種食材為凝膠，用來凝固糖漿，使糖團定型。

洋菜：是從海藻類植物中提取的膠質。口感比其他常做為凝結用途的食品加
　　　工材料脆。

果膠：果膠是從柑橘的果皮萃取出來，呈淡黃色或白色的粉末狀，具有凝膠、
　　　增稠的作用。是一種天然的食物添加劑。

明膠：又稱魚膠或吉利丁，是從動物的骨頭提煉出來的膠質，主成分是蛋白
　　　質。是膠原蛋白的一種不可逆的水解形式，歸類為食品。

澱粉：從食物的塊莖中提煉出來的，澱粉在溫水中溶解會產生糊精，可以用
　　　作糖漿的增稠劑或粘接劑。

表格簡述

	類別	製程	口味
熬煮糖漿依最終溫度及含水率決定軟硬度	硬糖 含水率6%以下	全粒式	楊桃糖、鳳梨糖、煉乳糖、白脫糖、可樂糖
		夾心式	1. 巧克力：情人糖
			2. 糖漿膏：陳皮梅夾心糖、枇杷糖、茶糖
			3. 果汁粉：秀逗糖、檸檬夾心糖、沙士糖
			4. 酥粉心：花生酥糖
	軟糖 含水率10%以下	咀嚼式	瑞士糖、牛奶糖
		全充氣型	棉花糖
		半充氣型	牛奶糖、知心軟糖、太妃糖、牛軋糖
	凝膠軟糖 含水率13～25%	洋菜軟糖	疊層軟糖、夾心球軟糖、雷根豆軟糖
		果膠軟糖	法式水果汁軟糖
		明膠軟糖	甘貝熊軟糖、QQ糖
		澱粉軟糖	棗泥核桃糖、龍潭花生糖、新港飴、豬腳貢糖
	巧克力		淋式、片式、夾心、醬狀、膏狀

蔗糖的由來

　　糖的原料是甘蔗，據傳甘蔗原產地是紐幾內亞，後來流傳到了印度和南洋群島，約在公元前三世紀時由東南亞或東印度傳入中國南部。蔗糖的發源地是古印度，當時印度製蔗糖的方法，是將甘蔗榨出甘蔗汁曬成糖漿，再用火熬煮成糖塊。

　　在中國漢代所稱的「石蜜」、「西極石蜜」、「西國石蜜」指的就是「蔗糖」。在明朝已能生產出品質良好的糖，並開始將中國白糖出口到日本、印度和南洋群島。明朝後期，每年出口的蔗糖有 1 千萬至 1 千 5 百萬英磅之多，是繼茶葉和絲之後的第三大宗重要的出口貨物。

　　今日蔗糖的原料主要是甘蔗和甜菜。將甘蔗或甜菜用機器壓碎榨出糖汁，過濾後除去雜質，再用二氧化硫漂白；將經過處理的糖汁煮沸，抽去沉底的雜質，刮去浮到面上的泡沫，然後熄火待糖漿結晶成為蔗糖。

　　以蔗糖為主要成分的食用糖根據純度的由高到低又分為：冰糖（純度99.9%）、白砂糖（99.7%）、綿白糖（97.9%）和赤砂糖（也稱紅糖或黑糖）（89%）。

蔗糖的區別

蔗糖可依色澤深淺，大致區分為下列三種：

白糖　壓搾蔗汁或原料糖漿經過過濾、脫色處理，再經過結晶、分蜜、乾燥而成為砂糖。市售商品糖，稱為特號砂糖。

白糖又可方為下列幾種：

細砂糖　　糖漿經過一次結晶產生的糖。

特級砂糖　糖漿經過二次以上結晶產生的糖。

糖粉　　　砂糖研磨成粉。

冰糖　　　白糖經過溶解，再經結晶成大塊狀的糖。

方糖　　　將砂糖擠壓成方型。

粗糖 搾出來的甘蔗汁或原料糖漿經過清淨過濾處理，再經過結晶、分蜜、乾燥而成砂糖，色澤為黃色，通常作為精煉糖的原料糖。市售商品糖稱為二號砂糖。

紅糖或稱黑糖

色澤比粗糖深，顆粒比粗糖細。將蔗汁放於大鍋內熬煮結晶，然後搗碎成粉粒狀砂糖。這種糖，含有甘蔗汁的全部營養素及礦物質，不過也殘留許多甘蔗的碎屑，纖維等雜質。

糖的原料

以下使用列表格的方式，讓大家可以更快速清楚的知道糖的原料及食糖製品。由表格可見，砂糖是最天然的食用糖。

製造原料	糖類名稱
甘蔗	蔗糖、各種砂糖
砂糖	轉化糖漿
澱粉糖：脫水葡萄糖聚合物	葡萄糖、高果糖漿、果糖
澱粉糖混合物	麥芽飴（水飴、玉米糖漿）
牛奶	乳糖
纖維素	木糖
砂糖、澱粉糖	海藻糖、海藻酮糖
蜂蜜、楓糖	蜂蜜、楓糖、椰子糖

糖類的熱量

（以每 100 公克為 / 單位）

品名	熱量（大卡）	蛋白質（公克）	脂肪（公克）	飽和脂肪（公克）	反式脂肪（公克）	碳水化合物（公克）	鈉（毫克）
砂糖	387	0	0	0	0	99.5	0
海藻糖	360	0	0	0	0	90	0
葡萄糖漿	335	0	0	0	0	91	0
麥芽糖	320	0	0	0	0	80	0

由這個比較表可以看出，砂糖的熱量最高，麥芽糖的熱量最低。

糖類甜度比較

品名	% Brx
果糖	173
砂糖	100
葡萄糖粉	74
葡萄糖漿	60
海藻糖	45
麥芽糖	32
玉米糖漿	30
乳糖	16

由這個表格中可以看到，若是砂糖的甜度為 100 分的話：

1. 果糖是最甜的糖：甜度 173 分
2. 海藻糖的甜度：45 分
3. 麥芽糖的甜度：32 分
4. 最不甜的糖是乳糖：16 分

糖的選用

醣類（碳水化合物）：　分為單醣、雙醣（寡醣）、多醣。做糖果常用的糖為雙醣。讀者可由以下資訊和表格了解糖的選用。

葡萄糖－單醣

葡萄糖漿是澱粉液經水解後所產生的單醣、雙醣或多醣混合液，因此可以使用任何種類的澱粉；最常用的是小麥、木薯、玉米和馬鈴薯。

蔗糖－雙醣

蔗糖的原料主要是甘蔗（Saccharum spp.）和甜菜（Beta vulgaris）。將甘蔗或甜菜用機器壓碎榨糖汁，過濾後用除去雜質，再用二氧化硫漂白；將經過處理的糖汁煮沸，抽去沉底的雜質，刮去浮到面上的泡沫，然後熄火待糖漿結晶成為蔗糖。

白砂糖是食糖中質量最好的一種。顆粒為結晶狀，均勻，顏色潔白，甜味純正，甜度稍低於紅糖。白砂糖和綿白糖只是結晶體大小不同，白砂糖的結晶顆粒大，含水分較少，而綿白糖的結晶顆粒小，含水分較多。

麥芽糖－雙醣

麥芽糖屬於雙醣，白色針狀統晶，易溶於水，而非常見金黃色且末統晶的糖膏，甜味比蔗糖弱。與酵母發酵變為酒精，和稀硫酸加熱，則可變為葡萄糖。普遍的麥芽糖則是烹調時加入了蔗糖，才由白色變為金黃，可增其色香味。糖果製作一般選用透明麥芽86%（Brix），能易於熬煮糖漿，展現食材的原始色澤。

海藻糖售價約為蔗糖的 6 倍，具有以下的特性：

與其它大多數增甜劑混合，海藻糖可在糖果特別是果汁飲料和藥草產品中使用，以調節產品甜度，從而能真正保持產品的原有風味。海藻糖適用於用配方配製「益齒」產品。海藻糖很穩定，使用在糖工藝及加工產品中不被水解，能用作糖果的外層而形成一種穩定的非吸濕性保護層。由於工藝的穩定性，能在長期高溫下進行而不用擔心水解和色變。海藻糖特有的溶解特性能真正使它們本身滾動形成保護層，這層履蓋物極穩定、堅固，從而改善其它大多數增甜劑相對的白色層面。

單醣	五碳醣	阿拉伯糖	調節血糖的專用特殊保健食品添加劑。
	六碳醣	葡萄糖	生理上最重要的糖。
		果糖	來自水果及蜂蜜，最甜的糖。
		半乳糖	身體自行製造。
		甘露糖	代糖原料。
雙醣		蔗糖	主原料甘蔗及甜菜。
		麥芽糖	澱粉水解成葡萄糖的產物。
		乳糖	甜分最低的糖。
多醣	可消化	澱粉糖	海藻糖：可形成一種穩定的非吸濕性保護層。
		糊精	澱粉水解產生。

備註：本書部份數據引用自衛生福利部食品藥物管理署－台灣地區食品營養成份資料庫。

糖漿溫度與狀態

分此圖表只適用於正常狀態下，選用砂糖熬煮糖漿時的參考。若是使用含水率較低的澱粉糖熬煮糖漿，則不適用這個溫度表。

由圖表中可發現，糖漿在熬煮的過程中，不同的溫度點會產生不同的變化。隨著溫度的上升，糖漿內的水份變少，溫度熬煮愈高，糖漿愈硬。

★請注意：糖漿溫度要會隨天氣溫度調整，夏天糖漿溫度要煮的稍微高一點，糖果比較不易變形。

糖漿溫度	含水率	適用產品	糖漿冷卻後狀態
105℃	約30%	洋菜軟糖	凝固
110.5℃	約18%	羊羹	凝固
111℃～111.5℃	約17%～16%	明膠軟糖	羽毛絲狀
113℃～115℃	15%～13%	糖霜	軟球狀
115℃～118℃	13%～10%	福祺糖	球狀
120℃～130℃	10%～5%	牛奶糖	稍硬球狀
130℃～132℃	5%～4.5%	瑞士糖	硬球狀
135℃～138℃	4.5%～4%	牛軋糖	脆裂狀
138℃～154℃	3%～0%	硬糖拉糖	硬裂狀
160℃～180℃	0%	焦糖	融化金黃黑褐色

凝膠特性

選用不同的凝膠所製成的產品、凝固時間不同，質地口感也不一樣。可依據您想要讓產品呈現出什麼樣的口感，來選用不同的凝膠。

產品名稱	洋菜軟糖	明膠軟糖	果膠軟糖	澱粉軟糖
口感	硬脆性軟糖	Q 彈性軟糖	柔軟性軟糖	軟黏性軟糖
添加比率	1 ％～2 ％	9 ％～12 ％	1 ％～2 ％	10 ％～20 ％
加酸比率	0.2 ％～0.3 ％	0.2 ％～0.3 ％	0.4 ％～0.7 ％	0.2 ％～0.4 ％
冷凝溫度	35℃～37℃	15℃～20℃	70℃～80℃	20℃～40℃
凝固時間	12－24 小時	12－24 小時	6－12 小時	12－36 小時
產品質地	脆、裂紋光滑	有彈性不易拉斷	口感酸	較黏、不易斷

新鮮蛋白 & 蛋白霜粉

蛋白霜粉是從大豆中提煉出來的大豆蛋白 、或酪蛋白、或取乳清蛋白或是用上述這幾種蛋白所 合成的一種粉劑，蛋白霜使用方便，無大腸桿菌的問題，也無蛋白的成分。選用時，請依各家廠商包裝袋上的標示，在蛋白粉中加入冷水還原。

品項	固形物%	水份%	蛋白質%	脂肪%	碳水化合物
蛋白	12.5	87.5	10.8	微量	0.8
蛋白霜粉	100	0	5.7	0	86.9

乳製品

牛乳：俗稱牛奶，是最古老的天然飲料之一，是烘焙工業及糖果工業最重要的營養來源。最好的奶粉製作方法是美國人帕西於 1877 年發明的噴霧乾燥法。這種方法是先將牛奶真空濃縮剩 1/4，成為濃縮乳，然後以霧狀噴到有熱空氣的乾燥室里，脫水後製成粉，再快速冷卻過篩，再包裝為奶粉。乳製品依加工方式的不同，會製造出不同的產品。以表列說明如下：

原料	加工方式		製成產品
牛乳	加熱殺菌		飲用牛奶、調味奶
	濃縮加工		蒸發奶
	噴霧乾燥		全脂奶粉、加糖奶粉、調味粉
	均質真空濃縮		無糖煉乳、加糖煉乳
	分離	乳脂 Cream	1. 殺菌➡打發鮮奶油、咖啡伴侶鮮奶油
			2. 乳酸菌凝乳➡乳脂乳酪 Cream Cheese
		奶油 Butter	3. 加熱➡急速冷卻➡攪拌➡乳脂分離➡調製➡熟成
		脫脂 Defat	4. 濃縮➡脫脂煉乳
			5. 噴霧乾燥➡脫脂奶粉
			6. 加酸或凝乳➡凝乳分離發酵➡乳酪 Cheese、乳清、乳糖
			7. 加乳酸菌➡發酵➡酸奶、優格、優酪乳、乳酸飲料

乳製品的熱量

（以每 100 公克為 / 單位）

品名	熱量（大卡）	蛋白質（公克）	脂肪（公克）	飽和脂肪（公克）	反式脂肪（公克）	碳水化合物（公克）	鈉（毫克）	鈣（毫克）
鮮奶	63	2.9	3.3	1.8	0	4.8	50	100
脫脂牛奶	359	34	1	0.4	0	53.3	570	100
全脂奶粉	500	3.0	25.5	26.2	0	39.3	430	890
脫脂奶粉	359	3.8	37	0.8	0	50.5	530	1300
奶精粉	528	3.1	5	30	0	59.5	310	110
無鹽奶油	743	0.7	82	60	1.34	0.5	10	15
無水奶油	890	0.1	0.7	96.7	0	0.2	900	18
雪白油	921	0	100	0	0	0	35	0
大豆沙拉油	825	0	91.7	14.8	0	0	0	65.5（維生素E）

★ 油脂可使用：奶油、無水奶油、沙拉油、花生油、棕櫚油、葵花油、芥花油、椰子油、橄欖油。

堅果的熱量

從下列表格可以清楚的分析：

1. 熱量最高的堅果是：夏威夷豆。
2. 蛋白質含量最高的是：花生。
3. 黑芝麻是最有益處的堅果：有豐富的膳食纖維和非常多的鈣質。

品名	熱量（大卡）	蛋白質（公克）	脂肪（公克）	碳水化合物（公克）	膳食纖維（公克）	鈉（毫克）	鈣（毫克）
花生仁	516.4	23.6	38.1	28.4	7.9	12.6	91.3
杏仁粒果	587.8	21.9	49.8	23.2	9.8	0.9	252.7
夏威夷豆	699.8	7.4	71.6	18.2	6.2	1.4	57.8
核桃仁	667.1	15.3	67.9	11.1	6.1	4.5	98.6
腰果	566.0	16.3	43.7	35.1	4.9	9.9	37.7
胡桃	562	35	4.5	22.5	5.4	0	40
南瓜子	603	28.3	47.1	17.6	5.2	370	40
黑芝麻	599	17.26	54.43	20.63	13.97	1.92	1478
白芝麻	625	20.28	58.69	15.71	10.71	24.45	76.14
松子	692	14.9	62.4	19	4	2	15
葵瓜子	586	21.9	51.8	18.6	8.3	1.3	89.9
開心果	600.7	22.3	52.7	20.0	13.5	462.3	106.5
榛果	671.6	12.9	66.4	17.2	7.9	0.9	182.0
紅棗	227.4	3.1	0.3	59.5	7.6	9.9	49.7
桂圓	277.1	5.0	0.6	70.6	2.8	4.8	48.8

基 本 器 具

不銹鋼盆

可盛裝食材、用來打發蛋白以及食材拌勻，也能放進烤箱烤熱食材。

單柄不沾鍋

煮糖漿不是一定要用銅鍋，建議可選用材質厚一點的不沾鍋，煮糖漿時不易黏鍋不易燒焦。

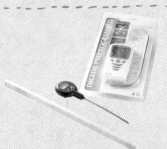

溫度計

可使用酒精溫度計或電子溫度計，是製糖時用來測量糖漿溫度的必備器具。酒精溫度計購買時注意測量範圍，不用時要放在盒中，避免摔到斷線，一斷線就不能用了。

打蛋器

用來混合液體、奶油、麵糊的用具。

小瓦斯爐

煮糖時用小瓦斯爐有場地的機動性。煮糖漿用中火，用小型瓦斯爐煮糖漿，旋鈕請調整在 7 點鐘方向；若用家庭傳統瓦斯爐旋鈕請調整在 10 點鐘方向。

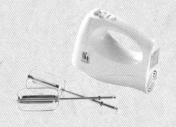

手提電動攪拌機

手提電動攪拌機的價格經濟實惠，比手持打蛋器省力許多，可用來攪打少量的材料。

桌上型電動攪拌機

比起手提電動攪拌機來説，桌上型電動攪拌機馬力大，可用來攪打量多的材料，若製做的糖量多，可購買使用。

耐熱刮刀

橡皮刮刀都有耐熱範圍，請選購耐熱 200℃才安全，外型以一體成型較易清洗、也不易變形。

飯匙

請選購材質厚實不易斷裂的飯匙，拌勻食材或壓糖塑型時非常方便。

糖盤

用來盛裝拌合完成的糖團，
在糖盤上整壓、定型、裁切。

切糖刀、菜刀

切糖刀設計可讓切糖省力，
但用菜刀其實也能切，都適
用於切酥糖。

刮板

用來刮取缸盆上的麵糊或糖
漿，還能用來切牛奶糖，不
易沾黏。

桿麵棍

擀平糖團時使用。

電子秤

製糖講究材料的精準性，建
議電子秤測量較正確。

防沾紙

鋪在烤盤上以防糖團沾黏，
無法重複使用。

防沾布

鋪在烤盤上以防糖團沾黏，
亦可用來揉合糖團，可重複
使用，易破損，使用需小心。

矽膠墊

矽利康材質，比防沾布厚，
不易破損。

網篩

用來過篩麵粉、糖粉、可過
濾雜質。

巧克力工具組

製做巧克力的工具組。

各式模型

矽膠模、巧克力模、硬糖
模⋯⋯。

烤盤油

噴霧式的食用油脂，模型在
使用前可噴上薄薄一層烤盤
油，會有保護模型和方便脫
模的優點。

材料識別

細砂糖	冰糖	二砂糖	黑糖、紅糖	海藻糖

86% Brix 麥芽水飴（透明麥芽） | 黃色麥芽 | 葡萄糖漿 | 西點轉化糖漿

麥芽飴在日本稱為「水飴」，它其實是一種複雜的澱粉糖混合物，製做糖果使用 86% Brix 即可。

蜂蜜	楓糖漿	香草莢

天然食用色素

吉利丁片	香蔥餅乾	奇福餅乾

檸檬酸

鹽之花	腰果	杏仁豆	杏仁片

杏仁條	杏仁角	南瓜籽	葵瓜籽	無鹽奶油
花生	松子	美國大胡桃	夏威夷豆	有鹽奶油
杏仁小魚乾	榛果	核桃	開心果	動物鮮奶油
玉米脆片	蔓越莓	綜合水果蜜餞	米香	香草粉

櫻花蝦　　香鬆　　薄荷糖漿　　白巧克力　　牛奶巧克力

黑巧克力　　蛋白霜粉　　法國進口冷凍果泥　　伯爵紅茶粉　　奶粉

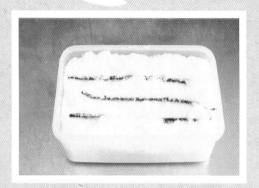

香草糖 DIY

材 料

細砂糖	1000g
香草莢	3 支

做 法

取密封盒，放入細砂糖和香草莢，用糖蓋住香草莢，醃一個月即可。香草糖完成後，香草莢可重覆使用，取出再醃下一盒砂糖。

溫度計的清洗

做 法

開始煮糖前，請先準備一個水杯，放 8 分滿的水。當溫度計從糖漿中取出，馬上放入水杯中，水杯中的水會讓溫度計上沾的糖漿變軟融化，以方便清洗。

三角紙袋折法

1 防沾紙均等對折，如圖示。

2 裁開成兩張。

3 捲成三角錐型。

4 邊角拉齊。

5 折進袋內。

6 立在量杯內，方便灌進糖漿。

糖果的包裝

包裝對產品非常重要，保護產品不受污染，延長保存期限，提高商品價值。

硬糖類、牛軋糖

將糖果紙平放，擺上切好的糖果，將紙張捲起後二頭扭緊即可。

酥糖類

酥糖放涼後裝入 KPO 袋，用熱封機封口。

巧克力包裝

使用鋁箔材質的包裝紙，貼住巧克力包裝。

凝膠類、澱粉類軟糖、牛軋糖

將玻璃紙平放在桌面上對齊底下，中間放上一張糯米紙放上切好的糖果將紙張捲起二頭扭緊即可。

堅果類包裝

請使用透濕性低的密封容器，裡面請放乾燥劑。

棉花糖類

剪好的棉花糖放入 KOP 袋中，裡面放一個乾燥劑，用熱封機封口。

Part
2

酥、脆、硬—硬糖系列

硬糖的含水率在 6% 以下，保存期限長。首先，從基礎的麥芽餅乾開始，進入水＋糖創造的掛霜技法，再加進一點堅果或穀物，變成酥脆的口感～一起見識「糖」的無窮變化吧！

麥芽餅乾

這是道利用黃麥芽直接組合的簡單點心，只要有麥芽和餅乾就可以做，也可更換餅乾體變化口味。

材 料

奇福餅乾	60 片
黃麥芽	600g

做 法

1 將整罐黃麥芽放在溫水鍋內，隔水加熱，至黃麥芽變軟。

2 用小耐熱刮刀撈約10g的黃麥芽，抹在奇福餅乾上。

3 蓋上另一片奇福餅乾夾起。

4 放涼，待黃麥芽凝固，裝罐，放入一包乾燥劑保存即可。

麥芽梅香餅乾

撒上梅子粉就能做成梅子風味的麥芽餅乾。

冬瓜茶磚

分次少量拌煮冬瓜丁和糖比較好煮，如果一次把全部的冬瓜和糖入鍋煮，拌煮較為吃力。若想節省熬煮時間，可取一半冬瓜先打成泥。

製做份量 ── 約1400克

最佳賞味 ── 密封室溫30天

材料

冬瓜丁	1200g
二砂糖	700g
冰糖	100g
黑糖	120g

做法

1 取一個鍋子，上爐，先加入適量冬瓜丁和二砂糖拌炒。

2 拌煮到二砂糖融化、冬瓜丁出水。

3 重複上述做法，分次加入適量冬瓜丁和二砂糖，炒勻至出水。

4 待全部的冬瓜丁和二砂糖炒完後，加入冰糖熬煮均勻。

5 煮至125℃熄火，加入黑糖拌勻，讓黑糖完全融化。

6 倒入容器中抹平，待冷卻定型，取出切塊，裝罐密封即可。

TIPS

在冬瓜盛產的季節，自己製做冬瓜茶磚，讓冬瓜用另一種型態保存下來。飲用時煮一鍋熱水，放入茶磚煮融即可。

鳳梨茶磚

鳳梨依品種不同，甜度也略有高
低，糖量可依個人喜好增減。做好
的鳳梨茶磚也能搭配茶包作為水
果茶基底材料使用。

材料

鳳梨	1200g
二砂糖	800g
黑糖	150g

做法

1 鳳梨取一部份切小丁，其餘用料理機打成果泥。

2 取一個鍋子，開火，第一次加入鳳梨丁和適量二砂糖。

3 拌煮至二砂糖融化、鳳梨丁出水，再分次加入適量鳳梨果泥和二砂糖。

4 每次都要將鳳梨泥和二砂糖炒勻至出水，才加下一次，待全部的鳳梨和糖炒完，開始熬煮。

5 煮至125℃，熄火，加入黑糖。

6 攪拌至黑糖融勻，倒入矽膠模型中抹平。

7 待冷卻定型，取出茶磚，裝罐密封即可。

掛霜腰果

製做掛霜的堅果一定要先烤熟，如果家中沒有烤箱，也可用乾鍋以小火炒至堅果金黃熟成。

材 料

腰果	300g
香草砂糖	150g
水	45g
鹽之花	適量

做 法

1 烤箱預熱至100℃，放入腰果，烘烤40～50分鐘至熟。

2 香草砂糖和水放入鍋中混合，煮到121℃。

3 倒入烤熟的腰果，用耐熱刮刀快速旋轉拌炒。

4 炒至水分收乾，熄火，撒上一點鹽之花，拌勻。

5 快速倒在防沾紙上攤開、放涼（若黏在一起可於稍微冷卻後再掰開），冷卻後裝罐，放入一包乾燥劑密封即可。

TIPS

自製糖果在包裝或封罐時，最好可以放進一包乾燥劑，可以避免潮濕，盡量讓產品保持乾燥，維持口感該有的酥或脆。

掛霜花生豆

使用二砂糖和黑糖，可以讓掛霜的顏色
比較深，風味和香氣也與單純使用白糖
不同。

材 料

帶皮花生	300g
二砂糖	140g
黑糖	30g
水	50g
鹽	適量

做 法

1 烤箱預熱至100℃，放入帶皮花生，烘烤50～60分鐘至熟。

2 二砂糖、黑糖及水放入鍋中混合，煮到121℃。

3 倒入烤熟的帶皮花生，用耐熱刮刀快速旋轉拌炒。

4 炒至水分收乾，熄火，撒上一點鹽，拌勻。

5 快速倒在防沾紙上攤開、放涼（若黏在一起可於稍微冷卻後再掰開），冷卻後裝罐，放入一包乾燥劑密封即可。

掛霜香草火山豆

各式各樣的風味粉可以快速、直接改變
糖果風味,例如:海苔粉、各式香草粉
等,你都可以嘗試撒入這些天然香料粉
來增加口味變化。

材料

夏威夷火山豆	300g
細砂糖	130g
水	40g
香草豆莢	1/2根
鹽之花	適量

做法

1 烤箱預熱至150℃，放入夏威夷火山豆，烘烤30～40分鐘至熟。

2 香草豆莢用刀劃開，刮出香草籽。

3 將香草籽、細砂糖及水一起放入鍋中。

4 再混合煮到121℃。

5 加入烤熟的夏威夷火山豆。

6 用耐熱刮刀快速旋轉拌炒至水分收乾。

7 熄火，撒上少許鹽之花，拌勻。

8 快速倒在防沾紙上攤開、放涼（若黏在一起可於稍微冷卻後再撥開），冷卻後裝罐，放入一包乾燥劑密封即可。

掛霜椒鹽火山豆

在掛霜好的火山豆上再撒上白胡椒鹽和匈牙利紅椒粉，變成甜鹹口味的火山豆，另有一番風味哦！

黃金糖

這是款基礎硬糖，多數硬糖皆以此為架
構，再加入其他色素和香料，就能變成
各種色彩、口味不同的糖果。

材 料

細砂糖	350g
麥芽水飴（86% Brix）	200g
水	200g
天然食用黃色色素	1 小滴
檸檬香料	1 小滴

做 法

1 細砂糖、麥芽水飴及水混合。

2 上爐煮到120℃。

3 加入1小滴食用黃色色素。

4 繼續煮到160℃，熄火，加入檸檬香料，拌勻。

5 將糖漿灌入模型中，靜置。

6 待糖漿冷卻定型，脫模即可。

酸梅棒棒糖

市售酸梅棒棒糖因為加入色素，顏色比較討喜，材料中的食用色素亦可刪除。做法 3 讓糖漿降溫，可避免糖漿流動性太高，淋在烘焙紙上太稀。

材料

黃色麥芽	100g
二砂糖	200g
水	80g
食用黃色色素	1小滴
酸梅	10顆

做法

1 桌面先鋪上一張烘焙紙。

2 黃色麥芽、二砂糖、水混合，上爐煮到155℃，加入1小滴食用黃色色素，拌勻熄火。

3 將煮糖鍋放入冷水鍋中，隔冷水把糖漿降溫到100℃。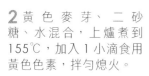

4 用湯匙將糖漿淋在烘焙紙上，擺一顆酸梅，再放上一支小棒子。

5 酸梅上面再淋一點糖漿。

6 靜置冷卻至定型，一一包裝即可。

咖啡糖

材料中的濃縮咖啡精可省略。除了用濾茶袋泡咖啡，家中有義式咖啡機，也能煮濃縮咖啡使用，風味會更濃郁。

材 料

細砂糖	350g
麥芽水飴（86% Brix）	200g
水	200g
熱水	100g
咖啡豆	25g
濃縮咖啡精	1/4 小匙

做 法

1 咖啡豆用磨豆機磨成粉，裝入濾茶袋。

2 研磨咖啡粉茶袋放入杯中，倒入熱水，浸泡 3 分鐘，取出茶袋瀝乾，取咖啡液。

3 細砂糖、水、咖啡液、麥芽水飴混合，上爐煮到 120℃，加入濃縮咖啡精。

4 繼續煮到 155℃。

5 熄火，將煮糖鍋放入冷水鍋中，隔冷水把糖漿降溫到 100℃。

6 將糖漿灌入模型中，待冷卻定型後脫模即可。

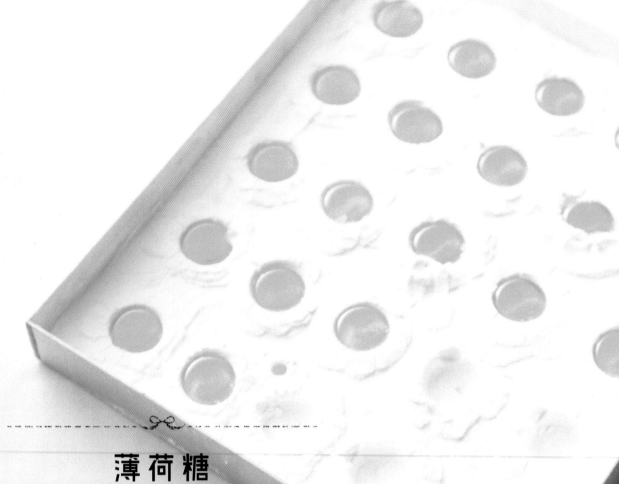

薄荷糖

薄荷糖漿就是調酒時使用的風味糖漿。
也可舉一反三，將薄荷糖漿替換成其他
風味糖漿，就能變化出另一種糖果。

材 料

細砂糖	400g
麥芽水飴（86% Brix）	200g
水	180g
薄荷糖漿	60g
玉米粉	適量

做 法

1 烤箱預熱至 100℃，放入玉米粉烤 10 分鐘，放涼，在烤盤上鋪平，用桿麵棍的圓頭壓出一個一個圓形。

2 細砂糖、水、麥芽水飴混合，上爐。

3 煮到 155℃，熄火，加入薄荷糖漿。

4 迅速將糖漿拌勻。

5 用湯匙舀在做法 1 玉米粉圓洞內，放涼至定型，將糖果沾裹少許熟玉米粉，再把多餘的粉篩掉即可。

香脆花生糖

在糖漿中加入油脂要持續攪拌，油的用意在讓糖漿口感香脆不黏牙。除了使用花生油之外，也能視產品更換成沙拉油、葵花油或者白芝麻油等。

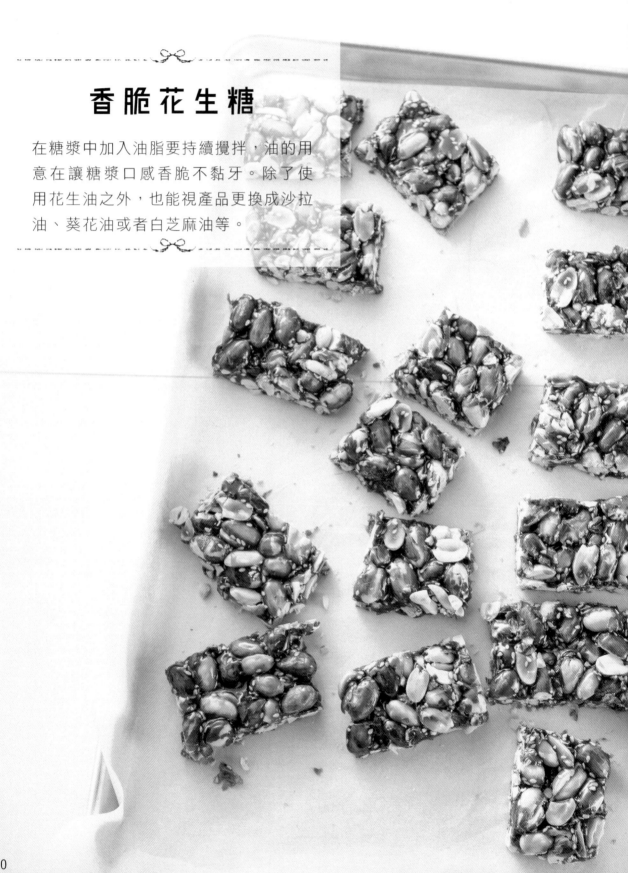

材 料

帶皮花生	600g
熟白芝麻	30g
二砂糖	180g
黑糖	60g
鹽	5g

麥芽水飴（86% Brix）	115g
水	115g
花生油	25g

做 法

1 烤箱預熱至 100℃，放入帶皮花生，烘烤 50～60 分鐘至熟，使用前繼續放在烤箱中以 100℃保溫。

2 二砂糖、黑糖、鹽、麥芽水飴、水全部放入鍋中。

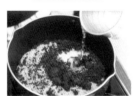

3 上爐煮到 110℃。倒入沙拉油，攪拌均勻。

4 繼續煮到 145℃，熄火。

5 分三次將煮好的糖漿倒入 做法 **1** 的烤熟帶皮花生中，趁熱拌勻。

6 再撒入熟白芝麻，拌勻。

7 方盤鋪防沾紙，倒入花生糖輕壓成型。

8 表面蓋上防沾紙用桿麵棍擀平、整型。

9 趁熱切成塊狀。

10 一塊塊分開靜置，冷卻後包裝即可。

杏仁片酥糖

製做酥糖時的堅果和糖漿結合前，一定
要放在烤箱中保溫，否則糖漿倒入後降
溫太快，還沒拌勻前糖漿就會凝固了。

材料

杏仁片	600g	麥芽水飴（86% Brix）	150g
熟白芝麻	30g	水	150g
細砂糖	300g	沙拉油	25g
鹽	5g		

做法

1 烤箱預熱至100℃，放入杏仁片，烘烤25分鐘至熟、上色，使用前繼續放在烤箱中以100℃保溫。

2 細砂糖、鹽、麥芽水飴、水全部放入鍋中，上爐煮到110℃。倒入沙拉油，拌勻，繼續煮到145℃，熄火。

3 取出烤熟杏仁片，加入熟白芝麻拌勻。

4 分次將煮好的糖漿倒入做法3中，趁熱拌勻。

5 方盤鋪防沾紙，倒入杏仁糖，輕壓成型，表面蓋上防沾紙用桿麵棍擀平、整型。

6 趁熱切成塊狀。

7 一塊塊分開靜置，冷卻後包裝即可。

南瓜籽葵瓜仁酥糖

葵花油和沙拉油作用一樣，可讓糖漿口
感香脆不黏牙，如果沒有葵花油也可用
其他油脂取代。

製做份量—— 約850克

最佳賞味—— 室溫14天

材料

南瓜籽	500g	鹽	5g
葵瓜籽	200g	麥芽水飴（86% Brix）	130g
熟白芝麻	20g	水	130g
細砂糖	265g	葵花油	20g

做法

1 烤箱預熱至100℃，放入南瓜籽和葵瓜籽，烘烤30分鐘至熟、南瓜籽膨脹有香氣，使用前繼續放在烤箱中以100℃保溫。

2 細砂糖、鹽、麥芽水飴、水全部放入鍋中，上爐煮到110℃。倒入葵花油，拌勻，繼續煮到145℃，熄火。

3 取出烤熟南瓜籽和葵瓜籽，加入熟白芝麻拌勻。

4 分次將煮好的糖漿倒入做法3中，趁熱拌勻。

5 方盤鋪防沾紙，倒入南瓜籽葵瓜籽糖，輕壓成型。

6 表面蓋上防沾紙用桿麵棍擀平、整型。

7 趁熱切成塊狀，一塊塊分開靜置，冷卻後包裝即可。

雙色芝麻酥糖

酥糖可切成喜愛的大小，但注意動作一定要快，否則糖漿硬了就很難分切。分裝時一定要等完全冷卻，避免蒸氣使得酥糖反潮、回軟。

材料

黑芝麻	250g	麥芽水飴（86% Brix）	150g
白芝麻	400g	水	150g
細砂糖	200g	白芝麻油	25g
鹽	7g		

做法

1 烤箱預熱至 100℃，放入黑芝麻和白芝麻混勻，烘烤 20 分鐘至熟，使用前繼續放在烤箱中以 100℃保溫。

2 細砂糖、鹽、麥芽水飴、水全部放入鍋中，上爐煮到 110℃。倒入白芝麻油，拌勻。

3 繼續煮到 145℃，熄火。

4 分次將煮好的糖漿倒入熟黑、白芝麻中，趁熱拌勻。

5 方盤鋪防沾紙，倒入芝麻糖，輕壓成型。

6 表面蓋上防沾紙用桿麵棍擀平、整型。

7 趁熱切成塊狀。

8 一塊塊分開靜置，冷卻後包裝即可。

日式地瓜片酥糖

地瓜片炸熟後要把油脂滴乾再拌糖漿，
口感才會清爽。也可把地瓜換成芋頭，
做成芋頭片酥糖，一樣美味哦！

製做份量──約850克

最佳賞味──油炸類食品，請盡速食用完畢。

材　料

地瓜	適量	鹽	7g
（炸熟後取 600g 地瓜酥片）		麥芽水飴（86% Brix）	150g
熟白芝麻	35g	水	150g
細砂糖	180g	沙拉油	20g
二砂糖	115g	甘梅粉	適量

做　法

1 地瓜去皮，用削皮刀削成薄片。

2 放入 190℃的油溫炸至酥脆。

3 瀝乾油脂，放入 100℃的烤箱保溫。

4 細砂糖、二砂糖、鹽、麥芽水飴、水全部放入鍋中，上爐煮到 110℃。

5 倒入沙拉油，拌勻，繼續煮到 145℃，熄火。

6 分次將煮好的糖漿倒入地瓜酥片中，趁熱拌勻。

7 撒入熟白芝麻拌勻。

8 方盤鋪防沾紙，趁熱整型成小團狀，表面撒上甘梅粉，冷卻後包裝即可。

綜合什錦米香

米香容易受濕度影響而軟化，冷卻後一
定要馬上包裝，袋口需密封並放入乾燥
劑，以保持米香脆度。

材 料

A

米香	500g
油蔥酥	30g
熟花生仁片	60g
玉米片	60g
蔓越莓	60g
熟南瓜籽	60g

B

細砂糖	280g
鹽	8g
麥芽水飴（86% Brix）	165g
水	165g
沙拉油	30g

做 法

1 材料 A 混合拌勻，放入100℃的烤箱中保溫。

2 細砂糖、鹽、麥芽水飴、水全部放入鍋中，上爐煮到110℃，倒入沙拉油，拌勻。

3 繼續煮到135℃，熄火。

4 分次將煮好的糖漿倒入做法1材料 A 中，趁熱拌勻。

5 方盤鋪防沾紙，倒入什錦米香，壓緊。

6 表面蓋上防沾紙用桿麵棍擀平、整型。
P.S.:不要壓太緊，口感才不會太紮實

7 趁微溫時切成塊狀。

8 一塊塊分開靜置，冷卻後包裝即可。

日式櫻花蝦
香鬆米菓

櫻花蝦使用前，一定要烤過或以乾鍋炒
過才會香。香鬆有很多種口味，使用不
同的香鬆來拌米香，就會產生出不同風
味香氣。

材　料

A

米香	300g
櫻花蝦	50g
香鬆	50g

B

細砂糖	200g
鹽	3g
麥芽水飴（86% Brix）	100g
水	90g
味醂	10g
沙拉油	20g

做　法

1 米香和櫻花蝦混合拌勻，放入80℃的烤箱中保溫。

2 細砂糖、鹽、麥芽水飴、水以及味醂全部放入鍋中。

3 上爐煮到110℃，倒入沙拉油，拌勻，繼續煮到130℃，熄火。

4 分次將煮好的糖漿倒入做法1材料中，趁熱拌勻。

5 撒入香鬆拌勻。

6 方盤鋪防沾紙，倒入櫻花蝦香鬆米香，壓平。

7 表面蓋上防沾紙用桿麵棍擀平、整型。
P.S.:不要壓太緊，口感才不會太紮實。

8 趁微溫時切成塊狀，一塊塊分開靜置，冷卻後包裝即可。

法式白巧克力
蔓越莓米香

融化的白巧克力不像糖漿那麼快凝固，
所以這裡使用的米香不需放入烤箱保
溫。可把白巧克力換成黑巧克力，果乾
也能替換成葡萄乾或其它的水果乾等，
轉換成不同口味。

材料

米香	200g
蔓越莓	40g
白巧克力	150g

做法

1 白巧克力隔水加熱到 38℃融化。

2 把融化好的白巧克力 倒入米香中拌勻。

3 撒入蔓越莓拌勻。

4 取適量放進模型抹平，靜置冷卻定型，一一包裝即可。

香、軟、綿－軟糖系列

軟糖的含水率 10% 以下，可大致分為咀嚼式、全充氣式、半充氣式。
打入大量空氣的全充氣式棉花糖、咀嚼型的香軟牛奶糖、半充氣型
的牛軋糖，每一款都是讓人驚喜的美味～

楓糖雪白棉花糖

將蛋白打發至降溫，用意在避免棉花糖
的糖漿流動性太高，這樣在擠型時會比
較不易成形，立體感會不足。

製做份量 — 300克

最佳賞味 — 室溫10天

材 料

蛋白	75g	細砂糖	150g
蛋白霜粉	5g	水	60g
香草糖	30g	楓糖漿	20g
香草粉	5g	吉利丁片	20g
		玉米粉	600g

做 法

1 烤箱預熱至 100℃，放入玉米粉烤 10 ～ 15 分鐘，放涼，在烤盤上鋪平，用桿麵棍壓出一條一條凹槽。

2 吉利丁片放入冰水中泡軟，擠乾水分，備用。

3 蛋白、蛋白霜粉混合，用電動打蛋器打 20 秒，加入香草糖和香草粉，繼續打至濕性發泡。

4 細砂糖、水、楓糖漿混合，上爐，煮到 115℃，熄火。

5 把糖漿慢慢的倒入步驟3打發蛋白中，邊倒入糖漿邊打發蛋白。

6 做法2吉利丁片隔水加熱，融成液體，倒入打發蛋白內，打勻。

7 持續打發蛋白，至鋼盆底部溫度降溫至不燙手。

8 擠花袋裝入平口圓花嘴，填入楓糖蛋白糖漿，在做法1凹槽內擠一直線。

9 靜置放涼至凝固，將棉花糖條裹上熟玉米粉。

10 剪成小段，滾上熟玉米粉，再把多餘的粉篩掉即可。

覆盆子棉花球

在棉花球表面撒上少許切碎的蔓越莓，
顏色會更豔麗。擠入打發蛋白時，如果
無法擠斷，可將剪刀沾水後剪開。

材　料

蛋白	75g	細砂糖 B	130g
蛋白霜粉	5g	水	60g
細砂糖 A	30g	覆盆子果泥	50g
香草粉	5g	蔓越莓碎	10g
吉利丁片	18g	玉米粉	600g

做　法

1 烤箱預熱至 100℃，放入玉米粉烤 10 ～ 15 分鐘，放涼，在烤盤上鋪平，用桿麵棍的圓頭壓出一個一個圓形。

6 吉利丁片隔水加熱，融成液體，倒入打發蛋白內，打勻。

2 吉利丁片放入冰水中泡軟，擠乾水分，備用。

7 持續打發蛋白，至鋼盆底部溫度降溫至不燙手。

3 蛋白、蛋白霜粉混合，用電動打蛋器打 20 秒，加入　　　和香草粉，繼續打至濕性發泡。

8 擠花袋裝入平口圓花嘴，填入覆盆子蛋白糖漿，擠入熟玉米粉圓洞內。

4 　　　B、水、覆盆子果泥混合，上爐，煮到 115℃，熄火。

9 將蔓越莓碎撒在覆盆子棉花糖上裝飾。

5 把糖漿慢慢的倒入　　　打發蛋白中，邊倒入糖漿邊打發蛋白。

10 靜置放涼至凝固，滾上熟玉米粉，再把多餘的粉篩掉即可。

草莓夾心棉花糖

學會夾心的技法後，也可以試著替換材料中的香料和果醬，改成其他口味的水果，就能做出另一款夾心棉花糖了。

材 料

蛋白	90g	細砂糖	90g
蛋白霜粉	6g	水	35g
香草糖	40g	西點轉化糖漿	10g
香草粉	5g	草莓醬香料	1g
吉利丁片	20g	草莓果醬	60g
		玉米粉	100g

做 法

1 烤箱預熱至 100℃，放入玉米粉烤 10～15 分鐘，放涼，在烤盤上鋪平，用桿麵棍壓出一條一條凹糟。

2 將草莓果醬裝入注射筒裏。

3 吉利丁片放入冰水中泡軟，擠乾水分，備用。

4 蛋白、蛋白霜粉混合，用電動打蛋器打 20 秒，加入香草糖和香草粉，繼續打至濕性發泡。

5 細砂糖、水、西點轉化糖漿混合，上爐，煮到 115℃，熄火，加入草莓醬香料拌勻。

6 把草莓糖漿慢慢的倒入做法 4 打發蛋白中，邊倒入糖漿邊打發蛋白。

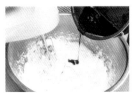

7 做法 2 吉利丁片隔水加熱，融成液體，倒入蛋白內，打勻，持續打發至鋼盆底部溫度降溫至不燙手。

8 擠花袋裝入平口圓花嘴，填入草莓蛋白糖漿，在熟玉米粉凹槽內擠一直線，中間擠上草莓果醬。

9 表面再擠一條草莓蛋白覆蓋。

10 靜置放涼至凝固，將棉花糖條裹上熟玉米粉，剪成小段，滾上熟玉米粉，再把多餘的粉篩掉即可。

11 除了上述示範夾心法，也可以擠一條棉花糖，凝固後剪小段，用注射筒從中間擠入草莓果醬即可。

三色棉花糖

三色棉花糖的樂趣在繽紛的色彩和造型。主要以擠花袋組合色彩,利用花嘴和擠法的不同,就會有嶄新的風貌。

材 料

蛋白	110g	水	90g
蛋白霜粉	8g	蜂蜜	30g
香草糖	45g	草莓醬香料	適量
香草粉	5g	天然食用黃色色素	少許
吉利丁片	25g	天然食用綠色色素	少許
細砂糖	220g	玉米粉	600g

做 法

1 烤箱預熱至100℃，放入玉米粉烤10～15分鐘，放涼，在烤盤上鋪平，用桿麵棍壓出一條一條凹槽。

2 蛋白、蛋白霜粉混合，用電動打蛋器打20秒，加入香草糖和香草粉，繼續打至濕性發泡。

3 細砂糖、水、蜂蜜混合，上爐，煮到115℃，熄火，慢慢的倒入打發蛋白中，邊倒入糖漿邊打發蛋白。

4 吉利丁片放入冰水中泡軟，擠乾水分，隔水加熱，融成液體，倒入蛋白內，打勻，持續打發至鋼盆底部溫度降溫至不燙手，隔熱水保溫。

5 將打發蛋白均分成三份，分別加入草莓醬香料、天然食用黃色色素、天然食用綠色色素，拌勻染色。

6 將三色蛋白填入擠花袋中，再多備一個空擠花袋和菊型花嘴。

7 空擠花袋裝入菊型花嘴，放進三色蛋白擠花袋。

8 在熟玉米粉凹槽內擠一直線或波浪狀。

9 擠蛋白時若無法斷開時，可用沾水的剪刀剪開。

10 靜置放涼至凝固，將三色棉花糖條裹上熟玉米粉，剪成小段，滾上熟玉米粉，把多餘的粉篩掉即可。

法式香草牛奶糖

糖漿煮得溫度愈高，糖體口感會愈硬。
天然的香草籽香氣迷人，能讓牛奶糖的
風味大幅提升，取出籽後的豆莢可以一
起煮或另外放入砂糖做香草糖使用。

製做份量 — 約350克

最佳賞味 — 室溫30天

材 料

動物性鮮奶油	250g	海藻糖	50g
香草莢	1 支	麥芽水飴 (86%Brix)	80g
細砂糖	150g	有鹽奶油	25g

做 法

1 香草莢用刀劃開，刮出香草籽，加入動物性鮮奶油中。

2 上爐加熱到80℃，熄火。

3 加入細砂糖、海藻糖、麥芽水飴，持續攪拌加熱。

4 續煮到120～123℃，熄火。

5 加入有鹽奶油，拌勻。

6 烤盤鋪防沾紙，放上慕斯框，倒入香草牛奶糖漿，靜置到表面平整，冷卻定型。

7 取出脫模。

8 切成小塊後包裝即可。

焦糖太妃牛奶糖

把砂糖煮成焦糖是最單純又可口的滋味，煮的時候火不要太大，否則焦糖容易過焦。撒上天然的鹽之花海鹽，讓牛奶糖不甜膩又有提味效果。

材　料

動物性鮮奶油	250g	麥芽水飴（86%Brix）	70g
細砂糖 A	60g	無鹽奶油	25g
細砂糖 B	160g	鹽之花	2g
海藻糖	40g		

做　法

1 動物性鮮奶油加熱到80℃，熄火，隔熱水保溫備用。細砂糖A上爐，煮至成焦糖。

2 讓焦糖保持沸騰狀，分次沖入熱動物性鮮奶油，以耐熱刮刀拌勻。

3 加入細砂糖B、海藻糖、麥芽水飴，持續攪拌加熱。

4 續煮到120～123℃，熄火，加入無鹽奶油、鹽之花，拌勻。

5 取喜愛的矽膠膜，倒入焦糖太妃牛奶糖漿，靜置降溫，冷卻後脫膜後包裝即可。

瑞士蓮
巧克力牛奶糖

矽膠膜的造型變化多端，用來當糖果模
不但脫模方便，糖果外形也更吸引人。
使用矽膠膜時，也可噴上薄薄的一層烤
盤油，可以延長矽膠膜的使用期限。

材 料

動物性鮮奶油	250g	瑞士蓮 70% 苦甜巧克力	60g
細砂糖	200g	無鹽奶油	20g
麥芽水飴（86%Brix)）	75g	食用金箔	少許

做 法

1 動物性鮮奶油上爐，加熱到 80℃，熄火，加入細砂糖、麥芽水飴拌勻，繼續加熱拌煮到 120～123℃，熄火。

2 瑞士蓮 70% 苦甜巧克力隔水加熱至融化。

3 將巧克力醬倒入鍋中，拌勻。

4 加入無鹽奶油，拌勻。

5 取喜愛的矽膠膜，倒入瑞士蓮巧克力牛奶糖漿，靜置降溫。

6 冷卻後脫膜，用少許食用金箔裝飾後包裝即可。

焦糖瑪奇朵牛奶糖

不同廠牌的研磨咖啡風味不一,可選擇
喜歡的口味製作。煮好的咖啡鮮奶油重
量要足 250g,若不夠 250g 重,可再
添加動物性鮮奶油補足重量。

材料

動物性鮮奶油	250g	細砂糖 B	200g
研磨咖啡粉	15g	麥芽水飴（86%Brix）	75g
細砂糖 A	60g	無鹽奶油	25g

做法

1 動物性鮮奶油上爐煮滾，熄火。加入研磨咖啡粉拌勻，蓋上鍋蓋燜 3 分鐘。

2 過濾出咖啡粉，將咖啡鮮奶油隔熱水保溫。

3 細砂糖 A 上爐煮成焦糖。

4 焦糖保持在沸騰狀態，將咖啡鮮奶油分次沖入焦糖中，用耐熱刮刀攪勻。

5 加入細砂糖 B 和麥芽水飴，繼續拌煮到 120～123℃，熄火。

6 加入無鹽奶油，拌勻。

7 取喜愛的矽膠膜，倒入焦糖瑪琪朵牛奶糖漿，靜置降溫，冷卻後包裝。

英式伯爵牛奶糖

這款糖挑選茶葉很重要，因為茶的風味
要足才能到位，製做時將茶葉磨碎一起
加入糖漿中，做出來的糖果咀嚼時更具
風味。

材 料

動物性鮮奶油	250g
伯爵紅茶葉	10g
細砂糖	160g
海藻糖	40g
麥芽水飴（86%Brix）	70g
有鹽奶油	25g

做 法

1 伯爵紅茶葉放入研磨機，磨成粉狀。

2 動物性鮮奶油上爐煮滾，熄火。加入伯爵紅茶粉拌勻，蓋上鍋蓋燜3分鐘。

3 加入細砂糖、海藻糖、麥芽水飴，繼續拌煮到118～120℃，熄火。

4 加入有鹽奶油，拌勻。

5 烤盤鋪防沾紙，放上慕斯框，倒入英式伯爵牛奶糖漿，靜置降溫。

6 冷卻脫模，以顆粒型桿麵棍擀壓出表面花紋，切塊後包裝即可。

歐式黑胡椒鹽味
牛奶糖

在模型中撒上匈牙利紅椒粉可以增加
色澤，並不會辣口。除了黑胡椒粒外，
也可以使用七彩胡椒，會展現出另一種
滋味喔～

材 料

動物性鮮奶油	250g	麥芽水飴（86%Brix）	80g
粗顆粒黑胡椒粉	5g	有鹽奶油	25g
細砂糖	150g	鹽之花	2g
海藻糖	50g	匈牙利紅椒粉	適量

做 法

1 動物性鮮奶油加入粗顆粒黑胡椒粉，上爐加熱到80℃，熄火。

2 加入細砂糖、海藻糖、麥芽水飴，繼續拌煮到120～122℃，熄火。

3 加入有鹽奶油，拌勻。

4 加入鹽之花，拌勻，裝入擠花袋中。

5 在矽膠膜內撒上匈牙利紅椒粉。

6 將黑胡椒鹽味牛奶糖漿擠入模型中，靜置降溫，冷卻脫模後包裝即可。

牛軋餅

將糖團隔熱水保溫，可延緩糖團凝固的速度。包裝餅乾建議使用ＫＯＰ袋，因為此材質不透氣，以封口機密封後保鮮性較佳。

材 料

麥芽水飴（86%Brix）	400g	無鹽奶油	25g
海藻糖	40g	奶粉	230g
鹽	4g	香草粉	4g
新鮮蛋白	60g	香蔥蘇打餅乾	約 100 片

做 法

1 奶粉、香草粉混合，一起過篩，備用。

2 麥芽水飴上爐煮至麥芽融化，加入混勻的海藻糖和鹽，煮融，繼續加熱煮到130℃，熄火。

3 新鮮蛋白打發，打發後隔熱水保溫。

4 分二次倒入做法2麥芽糖漿，用電動打蛋器快速打勻。

5 加入無鹽奶油，快速打勻。

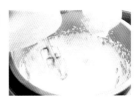

6 續入做法1香草奶粉，先用慢速打勻，再用快速打到完全混合均勻。

7 打好的糖團隔熱水保溫，取一片香蔥蘇打餅乾，用包餡匙抹上適量糖團。

8 用另一片餅乾夾起，靜置待糖團冷卻凝固後馬上包裝，避免餅乾回軟即可。

杏仁蔓越莓牛軋糖

這款牛軋糖屬於有加奶粉的傳統型牛
軋糖,奶香味十足。製做牛軋糖時要
注意蛋白新鮮度,建議現敲新鮮蛋白,
避免蛋腥味太重。

材 料

麥芽水飴（86%Brix）	600g	奶粉	350g
細砂糖	60g	香草粉	6g
鹽	5g	美國特級杏仁豆	200g
新鮮蛋白	90g	蔓越莓	80g
無鹽奶油	40g		

做 法

1 烤箱預熱至 100℃，放入美國特級杏仁豆，烘烤 40～50 分鐘至熟。

2 奶粉、香草粉混合，一起過篩，備用。

3 麥芽水飴放入鋼盆，上爐煮至麥芽融化，加入細砂糖和鹽，煮融，繼續加熱煮到 130℃，熄火。

4 新鮮蛋白放入攪拌缸，以球狀攪拌器打發。

5 分 2 次倒入麥芽糖漿，快速打勻。

6 加入無鹽奶油，快速打勻。

7 續入 step 1 香草奶粉，先用槳狀攪拌器慢速打勻，再用中速打 2 分鐘完全混合均勻。

8 加入烤熟的美國特級杏仁豆和蔓越莓，用槳狀攪拌器拌勻。

9 糖果板鋪上防沾紙，趁熱倒入打好的牛軋糖團，壓平後蓋上防沾紙以桿麵棍擀壓整型。

10 待靜置定型，用刮板或刀子切成小塊後包裝即可。

花生乳加巧克力
牛軋糖

在牛軋糖表面裹上一層巧克力，不但讓
牛軋糖外型更有變化之外，口感也多了
一層不同的享受。

材 料

麥芽水飴（86%Brix）	600g	奶粉	320g
海藻糖	60g	香草粉	5g
鹽	6g	去皮花生	450g
新鮮蛋白	65g	牛奶巧克力	300g
無鹽奶油	40g		

做 法

1 烤箱預熱至 100℃，放入去皮花生，烘烤 40～50 分鐘至熟。

2 奶粉、香草粉混合，一起過篩，備用。

3 麥芽水飴上爐煮至麥芽融化，加入海藻糖和鹽，煮融，繼續加熱煮到 128℃，熄火。

4 新鮮蛋白放入攪拌缸，以球狀攪拌器打發，分三次沖入麥芽糖漿，快速打勻。

5 分 3 次加入無鹽奶油，快速打勻。

6 續入做法 2 香草奶粉，先用槳狀攪拌器慢速打勻，再用快速打到完全混合均勻。

7 加入去皮熟花生，拌勻。

8 在特製糖果模底部鋪上防沾布，趁熱倒入打好的牛軋糖團，以飯匙壓平，待靜置定型，取出。

9 牛奶巧克力隔水加熱至融化，放入花生牛軋糖裹上巧克力漿。

10 以巧克力叉在表面劃出紋路，靜置待巧克力凝固後包裝即可。

瑞士蓮巧克力
胡桃牛軋糖

這裡使用的瑞士蓮巧克力風味極佳,但價格稍微貴一些,你也可等量替換成其他廠牌的巧克力。注意:書中多使用鈕扣型或六角型小塊狀巧克力,讀者若用如果是磚片狀的巧克力,要先切小塊或削薄再用。

材　料

麥芽水飴（86%Brix）	640g	無鹽奶油	100g
細砂糖	180g	瑞士蓮 70% 苦甜巧克力	240g
鹽	5g	奶粉	280g
蛋白霜粉	80g	無糖可可粉	40g
冷開水	80g	美國大胡桃	400g

做　法

1 美國大胡桃放入已預熱至 100℃ 的烤箱，烘烤約 50 分鐘至熟。

2 麥芽水飴放入鍋中，上爐煮到麥芽融化，加入混合的細砂糖和鹽。

3 將 1、2 煮融，續煮到 124～126℃，熄火。

4 蛋白霜粉放入攪拌缸中，倒入冷開水，以球狀攪拌器打發。

5 將 1、3 麥芽糖漿分 3 次倒入 4 攪拌缸，以球狀攪拌器快速打勻。

6 加入無鹽奶油，打勻。

7 苦甜巧克力隔水加熱融化，加入 6，快速打勻。

8 奶粉、無糖可可粉過篩，混合備用。

9 將 8 混勻的乾粉加入 7 缸中，以漿狀攪拌器先慢速打勻，再用中速打到完全混合均勻

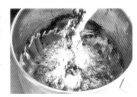

10 加入烤熟的美國大胡桃，拌勻。

11 在特製糖果模底部鋪上防沾布，趁熱倒入打好的 10，以飯匙壓平。

12 待靜置定型，取出後包裝即可。

杏仁小魚高鈣
牛軋糖

原味的牛軋糖團只要加入不同的堅果
原料，就能變化出不同口感風味，市售
杏仁小魚乾就是別出心裁的變化。

材 料

麥芽水飴（86%Brix）	600g	無鹽奶油	40g
海藻糖	60g	奶粉	350g
鹽	6g	杏仁小魚乾	280g
蛋白霜粉	35g	熟白芝麻	50g
冷開水	35g		

做 法

1 麥芽水飴放入鋼盆，上爐煮至麥芽融化，加入海藻糖和鹽，煮融，繼續加熱煮到 122～124℃，熄火。

2 蛋白霜粉和水放入攪拌缸，以球狀攪拌器打發，分三次沖入麥芽糖漿，快速打勻。

3 加入無鹽奶油，快速打勻。

4 加入過篩的奶粉，先用槳狀攪拌器以慢速打勻，再用中速打到完全混合均勻。

5 續入杏仁條小魚乾和熟白芝麻，拌勻。

6 在特製糖果模底部鋪上防沾布，趁熱倒入打好的牛軋糖團，以飯匙壓平，待靜置定型，取出後包裝即可。

法芙娜櫻桃榛果
牛軋糖

法芙娜櫻桃榛果牛軋糖為歐式無奶粉
配方。法芙娜 70% 苦甜巧克力很容易
融化，這裡用做法中糖漿的溫度直接打
至融勻，當然你也能事先把巧克力隔水
加熱融勻。

材　料

細砂糖	150g	蛋白霜粉	5g
海藻糖	50g	細砂糖	25g
水	80g	法芙娜 70% 苦甜巧克力	150g
麥芽水飴（86%Brix）	140g	榛果	200g
蜂蜜	240g	櫻桃乾	200g
新鮮蛋白	40g		

做　法

1 榛果放入已預熱至100℃的烤箱，烘烤約30分鐘至熟。

2 麥芽水飴放入鍋中，上爐煮到麥芽融化，加入混合的細砂糖、海藻糖、水，煮融，加熱至155℃，熄火；蜂蜜煮到120℃，熄火，備用。

3 新鮮蛋白＋蛋白霜粉，放入攪拌缸，以球狀攪拌器打發，加入細砂糖打至濕性發泡，將熱蜂蜜慢慢倒入，拌勻。

4 分次倒入煮好的麥芽糖漿，拌勻，快速打發 4 分鐘。

5 加入法芙娜 70% 苦甜巧克力，打勻。

6 加入烤熟榛果，以槳狀攪拌器打勻。

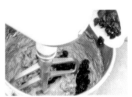

7 加入櫻桃乾，打勻。

8 倒在防沾布上，將材料揉勻。

9 壓入糖果板中整型，包上保鮮膜，放室溫一晚。

10 定型後用硬刮板或刀子切成小塊，一一包裝即可。

法式綜合
水果牛軋糖

法式綜合水果牛軋糖是無奶粉配方。
綜合水果蜜餞可換成任何一種水果乾，
會有不同的風味。蜜餞可先用冷開水略
微沖洗，再以廚房紙巾吸乾水分，可避
免太甜。

材料

香草糖	100g	新鮮蛋白	40g
海藻糖	100g	蛋白霜粉	5g
水	80g	細砂糖	25g
麥芽水飴（86%Brix）	140g	烤熟杏仁角	300g
香草莢	1支	綜合水果蜜餞	200g
蜂蜜	240g		

做法

1 香草莢用刀劃開，刮出香草籽。

2 麥芽水飴香草籽放入鍋中，上爐煮到麥芽融化，加入香草糖、海藻糖、水，煮融，加熱至140℃，熄火；蜂蜜煮到120℃，熄火，備用。

3 新鮮蛋白＋蛋白霜粉放入攪拌缸，以球狀攪拌器打發，加入細砂糖打至濕性發泡，將煮好的蜂蜜慢慢倒入，拌勻。

4 分次倒入煮好的麥芽糖漿，拌勻，快速打發4分鐘。

5 續入熟杏仁角，以槳狀攪拌器打勻。

6 加入綜合水果蜜餞，打勻。

7 倒在防沾布上，將材料揉勻，壓入糖果板中整型，包上保鮮膜，放室溫一晚。

8 定型後用硬刮板或刀子切成小塊，一一包裝即可。

義式經典咖啡
核桃牛軋糖

除了以攪拌機將材料拌勻，做法 8
裡示範的手揉方式可以讓堅果比
較不會被機器打碎，在糖果板上操
作也能順道整型。

製做份量 約700克

最佳賞味 冷藏30天

材　料

細砂糖	250g	冷開水	30g
水	100g	蛋白霜粉	30g
麥芽水飴（86%Brix）	60g	細砂糖	30g
鮮奶	80g	奶粉	250g
研磨咖啡粉	20g	熟核桃	250g

做　法

1 鮮奶加入研磨咖啡粉，攪拌煮勻，燜 1 分鐘後過濾出咖啡牛奶。

2 麥芽水飴放入鍋中，上爐煮到麥芽融化，加入細砂糖、水，煮融，加熱至 155℃，熄火。

3 蛋白霜粉放入攪拌缸中，加入冷開水、細砂糖，以球狀攪拌器打發。

4 將麥芽糖漿慢慢倒入作法 3 蛋白中，打勻。

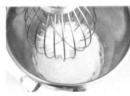

5 倒入咖啡牛奶，快速打發 4 分鐘。

6 加入已過篩的奶粉，以槳狀攪拌器打勻。

7 續入熟核桃，拌勻。

8 倒在防沾布上，將材料揉勻，壓入糖果板中整型，包上保鮮膜，放室溫一晚，定型後用硬刮板或刀子切成小塊包裝即可。

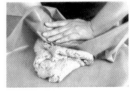

和風抹茶松子
牛軋糖

和風抹茶松子牛軋糖是日式無奶粉配方。這裡將抹茶粉先和西點糖漿拌勻。

材 料

細砂糖	170g	日本抹茶粉	30g
海藻糖	30g	新鮮蛋白	40g
水	80g	蛋白霜粉	5g
麥芽水飴（86%Brix）	140 g	細砂糖	25g
西點轉化糖漿	60g	松子	300g

做 法

1 松子放入已預熱至 120℃的烤箱，烘烤約 20～25 分鐘至熟。

2 麥芽水飴放入鍋中，上爐煮到麥芽融化，加入混合的細砂糖、海藻糖、水，煮融，加熱煮到 150℃，熄火。

3 西點糖漿和抹茶粉混合，拌勻成抹茶膏。

4 新鮮蛋白放入攪拌缸，以球狀攪拌器打發，加入蛋白霜粉、細砂糖打至濕性發泡，加入抹茶膏，打勻。

5 慢慢倒入煮好的麥芽糖漿，快速打發 4 分鐘。

6 加入烤熟松子，以槳狀攪拌器打勻。

7 倒在防沾布上，將材料揉勻，壓入糖果板中整型，包上保鮮膜，放室溫一晚。

8 定型後用硬刮板或刀子切成小塊包裝即可。

美式 OREO
巧克餅乾牛軋糖

美式 OREO 巧克餅乾牛軋糖是無奶粉配
方。材料中的 OREO 餅乾也可直接替換
成任何一種適合巧克力風味的乾燥水
果乾或蔬菜乾。

材 料

細砂糖	140g	新鮮蛋白	40g
海藻糖	60g	蛋白霜粉	5g
水	80g	細砂糖	25g
麥芽水飴（86%Brix）	40g	美國 GCB70% 苦甜巧克力	150g
蜂蜜	200g	OREO 巧克力餅乾碎（無奶油餡）	200g

做 法

1 美國 GCB70% 苦甜巧克力隔水加熱，融化備用。

2 麥芽水飴上爐煮到麥芽融化，加入混合的細砂糖、海藻糖、水，煮融，加熱煮到 155℃，熄火；蜂蜜煮至 120℃，熄火，備用。

3 新鮮蛋白＋蛋白霜粉放入攪拌缸，以球狀攪拌器打發，加細砂糖打至濕性發泡，分次加入熱蜂蜜，打勻。

4 分 3 次加入麥芽糖漿，快速打發 4 分鐘。

5 倒入融化好的美國 GCB70% 苦甜巧克力，打勻。

6 加入 OREO 巧克力餅乾碎，以槳狀攪拌器打勻。

7 倒在防沾布上，將材料揉勻，壓入糖果板中整型，包上保鮮膜，放室溫一晚。

8 定型後用硬刮板或刀子切成小塊。

9 表面沾裹一點 OREO 餅乾粉屑（份量外），一一包裝即可。

Part
4

香、Q、彈牙－凝膠類軟糖

凝膠類軟糖主要採用四種凝膠：洋菜、澱粉、果膠、明膠，凝膠可
用來凝固糖漿，使糖團定型，因為含水量較高，保存期限比較短，
讀者需注意最佳賞味期。

水果軟糖

水果軟糖的表面沾上打成粉的糯米紙
裝飾，表面帶著微微的閃亮光澤，又保
有糯米紙可防沾黏的作用。

材料

水 A	800g	水 B	80g
洋菜粉	25g	檸檬酸	4g
細砂糖	200g	水 C（冷開水）	8g
海藻糖	100g	綜合水果蜜餞	150g
鹽	5g	糯米紙粉	適量
麥芽水飴（86%Brix）	500g		
奶粉	70g		

做法

1 水 A ＋洋菜粉混合秤在鍋中，浸泡 30 分鐘，煮滾，水沸騰後續滾 2 分鐘（用計時器），慢慢加入細砂糖、海藻糖、鹽，一邊用耐熱刮刀或木匙攪拌。

2 慢慢加入麥芽水飴，邊加入邊攪拌，煮到 105℃。

3 奶粉＋水 B 混合均勻，慢慢倒入鍋中，拌勻，煮到 114 ～ 116℃／糖度 82，熄火。

4 檸檬酸和水 C 拌勻，倒入鍋中拌勻。

5 續綜合水果蜜餞加入糖漿中，攪拌均勻。

6 做法 5 裝入擠花袋，擠入圓球模型中，放涼凝固後，脫模取出。

7 糯米紙放入磨粉機中，磨成糯米紙粉。

8 把脫模的水果軟糖沾上糯米紙粉，包上玻璃紙即可。

新 港 飴

新港飴亦稱老鼠糖、雙仁潤，是嘉義新
港在地特產，糖量不高，熱量低且不甜
膩。花生也可選用去皮花生仁。

材料

水 A	200g	沙拉油	20g
洋菜粉	8g	帶皮熟花生	220g
細砂糖	80g	熟白芝麻	50g
鹽	4g	熟玉米粉	適量
麥芽水飴（86%Brix）	500g		
地瓜粉	25g		
水 B	50g		

做法

1 水 A ＋洋菜粉混合秤在鍋中，浸泡 30 分鐘，煮滾，水沸騰後續滾 2 分鐘（用計時器），慢慢加入細砂糖、鹽，一邊用耐熱刮刀或木匙攪拌。

2 慢慢加入麥芽水飴，一邊攪拌，煮到 105℃，分次慢慢倒入混合均勻的地瓜粉＋水 B，煮到 112～115℃／糖度 87，熄火。

3 分次慢慢加入沙拉油，拌勻。

4 加入帶皮熟花生、熟白芝麻，拌勻。

5 倒入鋪上防沾紙的模型中，靜置待稍微放涼。

6 微溫定型後，用熟玉米粉當手粉，把糖團切小塊，整型成小團狀後包裝即可。

113

夏威夷豆軟糖

Q軟又脆口的夏威夷豆軟糖，製做時使用了大量的夏威夷豆和杏仁片，與糖漿結合前要先保溫，才不會讓糖漿溫度驟降。

材料

水 A	480g	沙拉油	40g
洋菜粉	20g	熟夏威夷豆	480g
細砂糖	100g	熟杏仁片	240g
鹽	3g	熟白芝麻	120g
麥芽水飴（86%Brix）	1200g	（夏威夷豆＋杏仁片放入烤箱以100℃保溫）	
地瓜粉	75g		
水 B	120g		

做法

1 水 A ＋洋菜粉混合秤在鍋中，浸泡30分鐘，煮滾，水沸騰後續滾2分鐘（用計時器），慢慢加入細砂糖、鹽，一邊用耐熱刮刀或木匙攪拌。

2 慢慢加入麥芽水飴，一邊攪拌，煮到110℃，分次慢慢倒入混合均勻的地瓜粉＋水 B，煮到122℃。

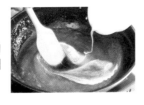

3 邊煮時要邊以糖度計測試，當溫度達所需溫度／糖度86時，熄火。

4 慢慢倒入沙拉油，拌勻。

5 取出保溫的熟夏威夷豆＋熟杏仁片，加入做法4糖漿中，拌勻。

6 再加入熟白芝麻，攪拌均勻。

7 趁熱倒在鋪了防沾紙的模型框中，抹平。

8 待稍涼，將刀子抹油，把軟糖切塊，包上糯米紙和玻璃紙即可。

115

黑糖花生軟糖

軟糖難免黏手，分切後以糯米紙包裹，
再裝入糖果袋用封口機包裝較易保存，
若無封口機，外層可包上玻璃紙。

材 料

水 A	260g	地瓜粉	40g
洋菜粉	10g	水 B	65g
二砂糖	50g	花生油	35g
黑糖	50g	去皮熟花生	420 g
鹽	4g	（去皮熟花生放入烤箱，用 100℃保溫）	
麥芽水飴（86%Brix）	650g		

做 法

1 水 A ＋洋菜粉混合秤在鍋中，浸泡 30 分鐘，煮滾，水沸騰後續滾 2 分鐘（用計時器），慢慢加入二砂糖、黑糖、鹽，一邊用耐熱刮刀或木匙攪拌。

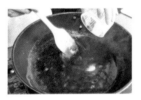

2 慢慢加入麥芽水飴，一邊攪拌，煮到 110℃，分次慢慢倒入混合均勻的地瓜粉＋水 B。

3 煮到 112℃／糖度 87（試糖的軟硬度），熄火，慢慢倒入花生油，拌勻。

4 取出保溫的去皮熟花生，加入做法 3 糖漿中，拌勻。

5 趁熱倒在鋪了防沾紙的糖果板中，抹平。

6 待稍涼，將刀子抹油，把黑糖花生軟糖切塊，包上糯米紙後封口即可。

QQ薑母糖

這是一款非常滋補的糖,使用老薑的味道更濃郁,若能購買到古法燻製的桂圓肉,滋味會更上一層。

118

材料

水 A	260g	老薑	400g
洋菜粉	10g	桂圓肉	300g
二砂糖	50g	水 B	65g
黑糖	50g	地瓜粉	40g
鹽	4g	沙拉油	35g
麥芽水飴（86%Brix）	650g		

做 法

1 老薑洗淨，用調理機打成泥；桂圓肉用調理機打碎，備用。

2 水 A＋洋菜粉混合秤在鍋中，浸泡 30 分鐘，煮滾，水沸騰後續滾 2 分鐘（用計時器），慢慢加入二砂糖、黑糖、鹽，一邊用耐熱刮刀或木匙攪拌。

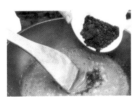

3 慢慢加入麥芽水飴，一邊攪拌，煮到110℃。

4 加入薑泥，煮滾。

5 分次慢慢倒入混合均勻的地瓜粉＋水 B，煮滾。

6 加入桂圓碎，煮滾。

7 煮到112℃／糖度87（試糖的軟硬度），熄火，慢慢倒入沙拉油，拌勻。

8 趁熱倒在鋪了防沾紙的糖果板中，抹平，待稍涼，將刀子抹油，可用熟玉米粉當手粉，把 QQ 薑母糖切塊後包裝即可。

烏梅夾心球軟糖

軟糖比較容易黏手，透過糯米紙可以避免沾黏，包裝時也能避免沾黏玻璃紙。除了做烏梅口味之外，你也可以試著使用其它濃縮果汁或者果乾來做不同口味的夾心軟糖。

材料

水 A	400g	濃縮烏梅汁	40g
洋菜粉	12g	檸檬酸	4g
細砂糖	100g	水 C	8g
海藻糖	50g	烏梅蜜餞	50g
鹽	2g	糯米紙粉	適量
麥芽水飴（86%Brix）	250g		
奶粉	70g		
水 B	40g		

做 法

1 烏梅蜜餞去籽，剪對半。

2 水 A ＋洋菜粉混合秤在鍋中，浸泡 30 分鐘，煮滾，水沸騰後續滾 2 分鐘（用計時器），慢慢加入細砂糖、海藻糖、鹽，一邊用耐熱刮刀或木匙攪拌。

3 慢慢加入麥芽水飴，一邊攪拌，煮到 105℃，分次慢慢倒入混合均勻的奶粉＋水 B。

4 倒入濃縮烏梅汁，拌勻。

5 煮到 114 ～ 116℃／糖度 82（試糖的軟硬度），熄火，慢慢倒入調勻的檸檬酸＋水 C，拌勻。

6 取圓球模型噴上烤盤油，擠入一半的烏梅糖漿，擺上烏梅蜜餞。

7 將圓球模型夾起固定，擠入剩餘烏梅糖漿填滿模型，靜置降溫。

8 待糖果降溫後脫模，沾上糯米紙粉，包上玻璃紙即可。

金門豬腳貢糖

金門豬腳貢糖是風靡伴手禮界的創意
貢糖，Q軟彈牙、脆口，口感極佳，很
適合搭配茶品食用。為了讓切面好看，
最好靜置一整晚再切塊。

材 料

水 A	200g	花生油	25g
洋菜粉	5g	熟花生粉	200g
細砂糖	100g	熟黑芝麻	15g
鹽	3g	去皮熟花生	120g
麥芽水飴（86%Brix）	500g	熟白芝麻	50g
地瓜粉	25g		
水 B	50g		

做 法

1 水 A ＋洋菜粉混合秤在鍋中，浸泡 30 分鐘，煮滾，水沸騰後續滾 2 分鐘（用計時器），慢慢加入細砂糖、鹽，一邊用耐熱刮刀或木匙攪拌。

2 慢慢加入麥芽水飴，一邊攪拌，煮到 110℃，分次慢慢倒入混合均勻的地瓜粉＋水 B。

3 慢煮到 112～115℃／糖度 87（試糖的軟硬度），熄火，慢慢倒入花生油，拌勻。

4 取 200g 的糖漿，加入熟花生粉＋熟黑芝麻，拌勻。

5 將花生芝麻糖團整型成長條型。

6 剩餘糖漿拌入去皮熟花生，倒在鋪上防沾布的桌面上，壓扁成片狀。

7 把花生芝麻糖條放在去皮花生糖片上。

8 以防沾布輔助，包捲成長條狀，滾圓塑型。

9 打開防沾布，在表面沾上熟白芝麻。

10 在防沾布上抹少許油，再次把糖團包捲起來，靜置放涼，定型一晚後切塊，以糯米紙包裝即可。

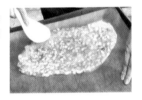

123

南棗核桃糕

熟核桃在和糖漿結合前，可放入烤箱以
100℃保溫。黑棗加入水後比較容易蒸
軟，但要記得蒸熟後過濾出水分，否則
製做時會使得糖團水分太多。

材料

黑棗	100g	棗泥豆沙	200g
水 A	300g	日本太白粉	40g
海藻糖	100g	水 B	60g
細砂糖	50g	無鹽奶油	60g
麥芽水飴（86% Brix）	750g	熟核桃	450g
		（核桃放入烤箱以 100℃保溫）	

做法

1 黑棗泡水約 30 分鐘至軟，去籽，倒入 水 A，放入電鍋，外鍋倒 2 杯水，蒸熟後濾出水分，趁熱放入調理機中打成泥。

2 將海藻糖、細砂糖、麥芽水飴放入鍋中，煮到 121℃，加入棗泥豆沙煮至融勻。

3 加入黑棗泥，煮滾。

4 慢慢倒入調勻的日本太白粉＋水 B，拌勻勾芡，煮到 121℃，熄火。

5 加入無鹽奶油，拌勻。

6 加入熟核桃，拌勻。

7 倒入鋪上防沾紙的糖果模中壓平整型。

8 蓋上防沾紙，以桿麵棍擀平，靜置待涼，用抹油的刀子將糖切塊，以糯米紙包裝即可。

桂圓紅棗核桃糖

紅棗蒸熟後過篩，可以把硬皮篩除。桂
圓和紅棗都是補血聖品，這款糖很受長
輩的喜愛，年節時，非常推薦您自製這
款糖果送給家人朋友喔！

材料

麥芽水飴（86%Brix）	600g	無鹽奶油	120g
細砂糖	200g	紅棗泥	600g
水	100g	桂圓肉	300g
玉米粉	250g	養樂多	1瓶
奶水	400g	熟核桃仁	350g
		（核桃放入烤箱，以100℃保溫）	

做法

1 桂圓肉用養樂多浸泡至入味，濾乾，切碎。

2 紅棗泡冷水至軟，去籽，放入電鍋，外鍋倒入2杯水，蒸熟，用調理機打成泥，過篩備用。

3 玉米粉過篩，倒入奶水中拌勻，備用。

4 無鹽奶油隔水加熱至融化。

5 將做法3＋4拌勻，隔溫水保溫備用。

6 將麥芽水飴、細砂糖、水放入鍋中，煮到130℃，慢慢倒入做法5，拌勻。

7 加入紅棗泥，拌勻。

8 用木匙慢慢炒至水份收乾，加入桂圓肉碎，趁熱倒在防沾布上。

9 加入熟核桃仁，雙手戴上防燙手套和塑膠袋，用手將糖團揉勻。

10 壓平整型，蓋上防沾布，以桿麵棍擀平，待還有微溫時切塊，用糖果紙包裝即可。

法式柳橙軟糖

法式水果軟糖一定要用進口的高檔果
泥做嗎？其實，換成市售的果汁一樣能
夠做出高水準的水果軟糖唷！

材　料

每日 C 柳橙汁	250g	葡萄糖漿	90g（或玉米糖漿）
細砂糖 A	100g	麥芽水飴（86%Brix）	90g
法國軟糖果膠粉	30g	檸檬酸	2g
細砂糖 B	100g	冷開水	5g
		細砂糖 C	適量

做　法

1 細砂糖 A ＋法國軟糖果膠粉，混合均勻。

2 葡萄糖漿＋麥芽水飴，隔水加熱融勻，熄火保溫。

3 每日 C 柳橙汁倒入鍋中，加入細砂糖 B、做法 2 麥芽糖漿。

4 上爐煮到 60℃，熄火。

5 分次慢慢加入做法 1 混勻的砂糖果膠粉，用打蛋器完全攪勻。

6 以中小火慢慢煮到 107℃，熄火。
P.S.：溫度煮越高，糖果越硬。

7 檸檬酸＋冷開水調勻，倒入做法 6，拌勻。

8 模型噴上烤盤油，倒入糖漿，抹平。

9 放在常溫下靜置冷卻變硬，脫模，沾上細砂糖 C 即可。

法式百香鳳梨軟糖

使用進口冷凍果泥的好處在於，出廠前的商品都會經過標準化，每次的酸甜、水份都一致，製做軟糖時很好掌控，但你也可以試著以當季新鮮果泥來做調配，會有意想不到的美味。

材 料

法國進口冷凍百香果果泥	100g	細砂糖 B	100g
新鮮鳳梨果泥	150g	檸檬酸	2g
細砂糖 A	100g	冷開水	5g
法國軟糖果膠粉	30g	細砂糖 C	適量
葡萄糖漿	90g（或玉米糖漿）		
麥芽水飴（86%Brix）	90g		

做 法

1 細砂糖 A ＋法國軟糖果膠粉，混合均勻。

2 葡萄糖漿＋麥芽水飴，隔水加熱融勻，熄火保溫。

3 冷凍百香果果泥＋新鮮鳳梨果泥＋細砂糖 B ＋做法 2 麥芽糖漿，隔水加熱拌勻，煮至 60℃，熄火保溫。

4 分次慢慢加入做法 1 混勻的砂糖果膠粉，用打蛋器完全攪勻。

5 以中小火慢慢煮到 108℃，熄火。

6 檸檬酸＋冷開水調勻，倒入做法 5，拌勻。

7 取正方型模型鋪上防沾紙，倒入糖漿，常溫下靜置冷卻變硬。

8 脫模，切成 3cm×3cm 的方塊狀。

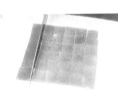

9 表面沾上適量細砂糖 C 即可。

法式草莓覆盆子
軟糖

草莓和覆盆子皆屬莓果類，搭配起來酸
中帶甜、香氣迷人～挑選模型時，也能
使用造型多變又好脫膜的矽膠膜，方便
又能讓糖果外型更可愛。

材 料

法國進口冷凍覆盆子果泥	100g	細砂糖 B	100g
法國進口冷凍草莓果泥	150g	檸檬酸	2g
細砂糖 A	100g	冷開水	5g
法國軟糖果膠粉	30g	細砂糖 C	適量
葡萄糖漿	90g（或玉米糖漿）		
麥芽水飴（86%Brix）	90g		

做 法

1 細砂糖 A ＋法國軟糖果膠粉，混合均勻。

2 葡萄糖漿＋麥芽水飴，隔水加熱融勻，熄火保溫。

3 冷凍覆盆子果泥＋草莓果泥＋細砂糖 B ＋做法 2 麥芽糖漿，隔水加熱拌勻。

4 煮至 60℃，熄火，分次慢慢加入做法 1 混勻的砂糖果膠粉，用打蛋器完全攪勻。

5 以中火慢慢煮到108℃，熄火，倒入調勻的檸檬酸＋冷開水。

6 將糖漿倒入模型中，常溫下靜置冷卻變硬。

7 脫膜，表面沾上適量細砂糖 C 即可。

133

法式黑嘉麗軟糖

黑醋栗的酸度比較高，在煮糖漿時要把溫度提高，做出來的軟糖凝結性會比較好，軟糖才不會太軟，加上水分煮乾一些，保存期限也較久。

製做份量──約500克

最佳賞味──室溫7天或冷藏14天

材 料

法國進口冷凍黑醋栗果泥	200g	麥芽水飴（86%Brix）	100g
法國進口冷凍洋梨果泥	100g	檸檬酸	2g
細砂糖 A	30g	冷開水	4g
法國軟糖果膠粉	25g	細砂糖 C	適量
細砂糖 B	350g		

做 法

1 細砂糖 A ＋法國軟糖果膠粉，混合均勻。

2 冷凍黑醋栗果泥＋洋梨果泥＋細砂糖 B ＋麥芽水飴，隔水加熱拌勻。

3 煮至 60℃，熄火，分次慢慢加入做法 1 混勻的砂糖果膠粉，用打蛋器完全攪勻。

4 以中小火慢慢煮到 108℃～110℃，熄火。

5 倒入調勻的檸檬酸＋冷開水。

6 將糖漿倒入模型中，常溫下靜置冷卻變硬。

7 脫膜，表面沾上適量細砂糖 C 即可。

法式雙色軟糖球

球狀軟糖也可用竹籤串成棒棒糖。如果沒有半圓形模，可以先做一色，填入模型約 1/2 滿，等到凝固，再煮另一色糖漿填滿模型，就能做出可愛的雙色軟糖。

材料

A 柳橙軟糖

每日 C 柳橙汁	250g
細砂糖 A	100g
法國軟糖果膠粉	30g
細砂糖 B	100g
葡萄糖漿	90g（或玉米糖漿）
麥芽水飴（86%Brix）	90g
檸檬酸	2g
冷開水	5g

B 黑嘉麗軟糖

法國進口冷凍黑醋栗果泥	200g
法國進口冷凍洋梨果泥	100g
細砂糖 A	30g
法國軟糖果膠粉	25g
細砂糖 B	350g
麥芽水飴 (86%Brix)	100g
檸檬酸	2g
冷開水	4g

做法

1 材料 A 材料參見 P.129，煮好柳橙糖漿。

2 取半圓形的模型，倒入柳橙糖漿，放在常溫下靜置冷卻變硬。

3 材料 B 材料參見 P.135，煮好黑嘉麗糖漿。

4 取半圓形的模型，倒入黑嘉麗糖漿，放進冰箱冷藏 12 小時，至冷卻變硬。

5 待二種糖漿都定型，取出脫模。

6 各取一色，黏合組合成一顆。

7 表面沾上適量細砂糖（材料外）即可。

葡萄 QQ 水果糖

吉利丁是動物膠，所以這款糖果是葷食，素食者不可食用。加入明膠（吉利丁）的糖體，色澤會變的比較透明，若有小熊模，可灌入小熊模，就是可愛的小熊 QQ 軟糖了。

材料

葡萄果汁	250g	檸檬酸	2g
細砂糖 A	100g	冷開水	5g
法國軟糖果膠粉	15g	吉利丁片	2 片
細砂糖 B	150g	細砂糖 C	適量
葡萄糖漿	90g（或玉米糖漿）		
麥芽水飴（86%Brix）	90g		

做法

1 吉利丁片泡入冰水中泡軟，擠乾水分。

2 細砂糖 A ＋法國軟糖果膠粉，混合均勻。

3 葡萄糖漿＋麥芽水飴，隔水加熱融勻，熄火保溫。

4 葡萄果汁＋細砂糖 B ＋ 做法 3 麥芽糖漿，隔水加熱拌勻，煮至 60℃，熄火。

5 分次慢慢加入 做法 2 混勻的砂糖果膠粉，用打蛋器完全攪勻。

6 以中小火慢慢煮到 108℃，熄火，倒入調勻的檸檬酸＋冷開水，稍微放涼。

7 把擠乾的吉利丁片放入糖漿中，攪拌至融勻。

8 將糖漿倒入模型中，靜置於常溫下。

9 待冷卻變硬，脫膜。

10 表面沾上適量細砂糖 C 即可。

Part
5

濃郁香醇—巧克力系列

巧克力是大人小孩都喜愛的經典糖果，巧克力的等級範圍差異很大，越高級的巧克力越容易在室溫下融化，所以多需經過調溫或以冷藏保存。讀者可視個人需求選用喜愛的巧克力廠牌和等級。

造型巧克力
棒棒糖

巧克力棒棒糖製做很簡單，只要挑選可
愛的模型就很有效果，非常適合做來當
做婚禮小物贈送。

材 料

純白牛奶巧克力	150g
牛奶巧克力	100g
草莓巧克力	100g
天然食用綠色色素	適量

做 法

1 取純白牛奶巧克力、牛奶巧克力以及草莓巧克力，各自放入器皿中，隔水加熱至融化。

2 取出50g融化的做法1純白牛奶巧克力，加入天然綠色食用色素，拌勻。

3 將做法1、2的四色巧克力漿分別裝入三角紙袋中。

4 在三角紙袋前端剪一個小孔。

5 以貓掌模型示範，若想做雙色巧克力，可先擠入單色巧克力漿，放進冰箱冷藏約10分鐘，至巧克力凝固。

6 取出凝固的做法5，再灌入另一色巧克力，放進冰箱冷藏約10分鐘至凝固。

7 取出完成的貓掌巧克力，在背面擠上少許巧克力漿，放上小棒子。

8 再擠上適量巧克力漿，固定小棒子。

9 如使用棒棒糖模，可在巧克力灌入模型的一半量時，放上小棒子。

10 再把巧克力漿灌滿。

11 放進冰箱冷藏約10分鐘至凝固，取出脫模。

12 完成的巧克力棒棒糖脫模後，使用彩色鋁箔紙包裝即可。

香脆巧克力片

利用簡單的食材創造美味的口感，除了
玉米脆片外，也可以加入切碎的果乾一
起拌勻，能增加更多不同風味變化。

材 料

GCB 70% 苦甜巧克力	200g
牛奶巧克力	30g
玉米脆片	100g
烤熟杏仁片	適量

做 法

1 將 GCB 70% 苦甜巧克力和牛奶巧克力一起隔水加熱至融化，備用。

2 玉米脆片稍微捏碎。

3 把融化巧克力拌入玉米脆片，拌勻。

4 取約 40g 填入喜愛的模型。

5 貼上 5 片烤熟杏仁片。

6 放入冰箱冷藏 10 分鐘，取出脫模即可。

榛果杏仁
巧克力球

破解市售高價巧克力球製法,模擬
出好吃又簡單的榛果杏仁巧克力
球。在特殊節日時也可以購買花套
資材,自己做出巧克力球花束。

材 料

市售巧克力小泡芙	20 顆
榛果	20 顆
杏仁角	100g
法芙娜 55% 牛奶巧克力	100g
GCB70% 苦甜巧克力	100g

做 法

1 榛果和杏仁角放入已預熱至 150℃的烤箱，烘烤約 15 分鐘至熟。

2 法芙娜 55% 牛奶巧克力、GCB70% 巧克力混合，隔水加熱至融化，備用。

3 小泡芙從中間切開放入一顆烤熟榛果，切口沾上融化巧克力組合還原，放入冰箱冷藏 5 分鐘。

4 取出泡芙裹上融化巧克力，滾勻，取出。

5 放入烤熟杏仁角中滾勻，放入冰箱冷藏 10 分鐘。

6 以金色鋁箔紙包裝。

7 放入紙模以泡棉膠黏合即可。

8 亦可購買花套組合成榛果杏仁巧克力球花棒。

147

法式曼帝昂宴會
巧克力

Mendiant 是源自法國的傳統巧克力甜
點，在巧克力上以不同的果乾和堅果妝
點，是貴族宴會不可或缺的甜點選項。

材 料

牛奶巧克力	100g	熟開心果粒	適量
苦甜巧克力	100g	熟核桃	適量
熟杏仁果	適量	葡萄乾	適量
熟榛果粒	適量	杏桃乾	適量

做 法

1 備好喜愛的熟堅果和果乾，果乾可視大小剪小塊，備用。

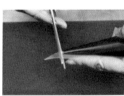

2 牛奶巧克力、苦甜巧克力混合，隔水加熱至融化，備用。

3 裝入擠花袋中，剪出小孔。

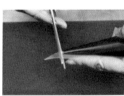

4 稍微待巧克力放到微溫（避免流動性太好，擠巧克力片時太溥），在砂膠墊上擠出圓形。

5 快速擺上杏仁果、榛果粒、開心果粒、葡萄乾、杏桃乾、核桃。

6 移進冰箱冷藏10分鐘至凝固，取出包裝即可。

脆岩黑巧克力

把杏仁條裹上焦糖，可以讓杏仁表面增
加脆脆的口感，沾上巧克力後可以吃到
多層次的口感享受。

材 料

A

烤熟杏仁條	130g
水	25g
細砂糖	30g
無鹽奶油	10g

B

苦甜巧克力	150g
綜合水果蜜餞	35g
焦糖杏仁	150g
白巧克力碎片	適量

做 法

1 水、細砂糖上爐煮滾，加入熟杏仁條以大火快炒。

2 炒至水分收乾，使杏仁條表面呈焦糖化，加入無鹽奶油，拌勻。

3 倒在矽膠墊上攤開，放涼。

4 冷卻的焦糖杏仁條放入鋼盆，加入綜合水果蜜餞；苦甜巧克力隔水加熱至融化，倒入鋼盆中拌勻。

5 用小湯匙舀巧克力杏仁條到矽膠墊上，整形成團。

6 表面撒上白巧克力碎片，移進冰箱冷藏10分鐘，取出包裝即可。

覆盆子生巧克力

製做生巧克力一定要使用品質好的巧
克力，手邊若有均質機，可以讓完成的
生巧克力更柔順光滑。你也可以試著把
覆盆子果泥換成其他口味的果泥。

製做份量 — 約 450g

最佳賞味 — 冷藏 7 天

材 料

法國進口冷凍覆盆子果泥	110g	覆盆子白蘭地	20g
動物性鮮奶油	60g	防潮可可粉	適量
麥芽水飴（86% Brix）	50g		
法芙娜 70% 苦甜巧克力	400g		

做 法

1 覆盆子果泥、動物性鮮奶油、麥芽水飴上爐，煮滾。

2 熬煮到果泥濃縮到剩 1/2 的量。

3 法芙娜 70% 苦甜巧克力隔水加熱至融化，分二次加入濃縮好的果泥，拌勻。

4 倒入覆盆子白蘭地，拌勻。

5 若有均質機請打至光滑均質狀，均質時不要把空氣打進去。

6 20 cm × 20 cm × 1 cm 的生巧克力鐵框底部鋪矽膠墊或防沾紙，倒入巧克力液體，抹平，以保鮮膜密封，移進冰箱冷藏 30 分鐘。

7 用小刀把模型四周劃開，脫模，刀子加熱，切成 3 cm × 3 cm 的塊狀。

8 將生巧克力塊均勻沾裹防潮可可粉即可。

金字塔百香果
巧克力

如果沒有金字塔模，亦可使用其他有深
度的模型來製做巧克力殼，一樣能填入
內餡做出豐富的藏心巧克力。

材　料

苦甜巧克力	300g	細砂糖	35g
百香果果泥	100g	無鹽奶油	25g
動物性鮮奶油	55g	牛奶巧克力	155g
蛋黃	2 顆	食用金箔	適量

做　法

1 巧克力模型，噴上烤盤油，備用。

2 苦甜巧克力隔水加熱至融化，淋在金字塔巧克力模型上。

3 左右翻轉模型，用力的把模型裏多餘的巧克力倒出來（保留備用），形成巧克力殼，放入冰箱冷藏。

4 蛋黃和細砂糖混合，用打蛋器攪勻。

5 百香果泥和動物性鮮奶油上爐，煮滾，分次沖入 做法 4 蛋黃中打勻。

6 回爐上煮到 85℃，加入無鹽奶油拌勻，過篩，備用。

7 牛奶巧克力隔水加熱至融化，離爐；做法 6 分 3 次倒入鍋中，拌勻。

8 隔冰塊水降溫，裝入擠花袋中。

9 擠到已冰冷凝固的的巧克力殼中，移進冰箱再冷藏 20 分鐘。

10 取出，將 做法 3 多餘的巧克力再次融化，用來填滿底部，抹平，再移進冰箱冰 20 分鐘。

11 取出脫模。

12 頂部以食用金箔裝飾即可。

店名	地址	電話
燈燦食品有限公司	台北市民樂街 125 號	(02)2557-8104
松美烘焙材料	台北市忠孝東路五段 790 巷 62 弄 9 號	(02)2727-2063
日光烘焙材料專門店	台北市信義區莊敬路 341 巷 19 號	(02)8780-2469
飛訊企業有限公司	台北市士林區承德路四段 277 巷 83 號	(02)2883-0000
明瑄 DIY 原料行	台北市內湖區港漧路 36 號	(02)8751-9662
嘉順烘焙材料器具行	台北市內湖區五分街 25 號	(02)2633-1346
得宏器具原料專賣店	台北市南港區研究院路 1 段 96 號	(02)2783-4843
橙佳坊烘焙教學器具原料行	台北市南港區玉成街 211 號 1 樓	(02)2786-5709
菁乙烘焙材料行	台北市文山區景華街 88 號	(02)2933-1498
全家烘焙 DIY 材料行	台北市文山區羅斯福路 5 段 218 巷 36 號	(02)2932-0405
安欣西點麵包器具材料行	新北市中和區市連城路 389 巷 12 號	(02)2225-0018
馥品屋食品原料行	新北市樹林區大安路 173 號	(02)8675-1687
快樂媽媽烘焙食品行	新北市三重區永福街 242 號	(02)2287-6020
家藝烘焙材料行	新北市三重區重陽路一段 113 巷 1 弄 38 號	(02)8983-2089
鼎香居烘焙材料行	新北市新莊區新泰路 408 號	(02)2998-2335
麗莎烘焙材料行	新北市新莊區四維路 152 巷 5 號	(02)8201-8458
溫馨屋烘焙坊	新北市淡水區英專路 78 號	(02)2621-4229
大家發食品原料廣場	新北市板橋區三民路一段 101 號	(02)8953-9111
全成功企業有限公司	新北市板橋區互助街 320 號	(02)2255-9482
聖寶食品商行	新北市板橋區觀光街 5 號	(02)2963-3112
艾佳食品原料店中和店	新北市中和區宜安路 118 巷 14 號	(02)8660-8895
富盛烘焙材料行	基隆市仁愛區曲水街 18 號 1F	(02)2425-9255
騏霖烘焙食品行	宜蘭市安平路 390 號	(03)925-2872
欣新烘焙食品行	宜蘭市進士路 155 號	(03)936-3114
裕順食品股份有限公司	宜蘭縣五結鄉五結路三段 438 號	(03)960-5500
裕明食品原料行	宜蘭縣羅東鎮純精路 2 段 96 號	(03)954-3429
勝華烘焙原料行	花蓮市中山路 723 號	(03)856-5285
大麥食品原料行（原料行）	花蓮縣吉安鄉自強路 369 號	(03)857-8866
大麥食品原料行（門市）	花蓮縣吉安鄉建國路一段 58 號	(03)846-1762
全國食材廣場有限公司	桃園市桃園區大有路 85 號	(03)333-9985
好萊屋食品原料行民生店	桃園市桃園區民生路 475 號	(03)333-1879
好萊屋食品原料行復興店	桃園市桃園區復興路 345 號	(03)335-3963
家佳福烘焙材料 DIY 店	桃園市平鎮區環南路 66 巷 18 弄 24 號	(03)492-4558
櫻枋烘焙原料行	桃園市龜山區南上路 122 號	(03)212-5683
陸光烘焙行	桃園市八德區陸光街 1 號	(03)362-9783
好萊屋食品原料行中壢店	桃園市中壢區中豐路 176 號	(03)422-2721
艾佳食品有限公司中壢店	桃園市中壢區環中東路二段 762 號	(03)468-4558
艾佳食品原料店桃園店	桃園市桃園區永安路 281 號	(03)332-0178
烘焙天地原料行	新竹市建華路 19 號	(03)562-0676
新勝發商行	新竹市民權路 159 號	(03)532-3027
葉記食品原料行	新竹市鐵道路二段 231 號	(03)531-2055
艾佳食品原料行竹北店	新竹縣竹北市成功八路 286 號	(03)550-9977

店名	地址	電話
詮紘食材行	苗栗縣苑裡鎮苑南里 5 鄰新生路 17 號	(03)785-5806
總信食品有限公司	台中市南區新榮里復興路 3 段 109-4 號 1 樓	(04)2229-1399
永誠烘焙民生店	台中市西區民生路 147 號	(04)2224-9876
永誠烘焙精誠店	台中市西區精誠路 319 號	(04)2472-7578
生暉行	台中市西屯區福順路 10 號	(04)2463-5678
齊誠商行	台中市北區雙十路二段 79 號	(04)2234-3000
永美製餅材料行	台中市北區健行露 663 號	(04)2205-8587
鼎亨行	台中市大甲區光明路 60 號	(04)2678-3372
茗泰食品有限公司	台中市北屯區昌平路二段 20 之 2 號	(04)2421-1905
大里鄉食品原料行	台中市大里區大里路長興一街 62 號	(04)2406-3338
九九行國際有限公司	台中市西屯區中港路 50 號	(04)2461-3699
辰豐烘焙食品有限公司	台中市西屯區中清路 151-25 號	(04)2425-9869
富偉食品行	台中市南屯區大墩 19 街 241 號	(04)2310-0239
漢泰食品原料行	台中市豐原區直興街 76 號	(04)2522-8618
順興食品原料行	南投縣草屯鎮中正路 586-5 號	(04)9233-3455
協昌五金超市	南投縣草屯鎮太平路一段 488 號	(04)9235-2000
永誠烘焙材料器具行	彰化市三福街 195 號	(04)724-3927
名陞食品企業有限公司	彰化市金馬路三段 393 號	(04)761-0099
金永誠行	彰化縣員林鎮員水路 2 段 423 號	(04)832-2811
永誠食品行彰新店	彰化縣和美鎮彰新路 2 段 202 號	(04)733-2988
祥成食品原料行	彰化縣和美鎮道周路 570 號	(04)757-7267
協美行	雲林縣虎尾鎮中正路 360 號	(05)631-2819
彩豐食品原料行	雲林縣斗六市西平路 137 號	(05)551-6158
福美珍烘焙材料行	嘉義市西榮街 135 號	(05)222-4824
尚品咖啡食品公司	台南市東區南門路 341 號	(06)215-3100
銘泉食品有限公司	台南市北區和緯路二段 223 號	(06)251-8007
永昌烘焙器具原料行	台南市長榮路一段 115 號	(06)2377-115
旺來鄉國際企業 (股) 公司	台南市仁德區仁德村中山路 797 號 1F	(06)249-8701
旺來興企業 (股) 公司	高雄市鼓山區明誠三路 461 號	(07)550-5991
世昌原料食品公司	高雄市前鎮區擴建路 1-33 號 1F	(07)811-1587
德興烘焙器材行	高雄市三民區十全二路 103 號	(07)312-7890
旺來昌實業 (股) 公司博愛店	高雄市左營區博愛三路 466 號	(07)345-3355
旺來昌實業 (股) 公司公正店	高雄市前鎮區公正路 181 號	(07)713-5345
旺來昌實業 (股) 公司右昌店	高雄市楠梓區壽豐路 385 號	(07)301-2018
新新食品原料器具公司	高雄市岡山區大仁路 45 號	(07)622-1677
茂盛食品原料行	高雄市岡山區前鋒路 29-2 號	(07)625-9679
盛欣烘焙食品原料行	高雄市大寮區山頂里鳳林三路 776 之 5 號	(07)786-2286
旺來興企業 (股) 公司	高雄市鳥松區本館路 151 號	(07)370-2223
龍田食品有限公司	屏東市廣東路 398 號	(08)737-4759
四海食品原料公司	屏東縣長治鄉崙上村中興路 317 號	(08)762-2000
裕軒食品原料行	屏東縣廣東路 398 號	(08)737-4759
龍田食品有限公司	屏東縣潮州鎮太平路 473 號	(08)788-7835

麥田金老師的解密烘焙
糖果

作　　者	麥田金	
責任編輯	張淳盈	
美術設計	徐小碧	
平面攝影	璞真奕睿影像工作室	
社　　長	張淑貞	
副總編輯	許貝羚	
行銷企劃	曾于珊	
發行人	何飛鵬	
PCH 生活事業總經理	李淑霞	

製版印刷　凱林彩印股份有限公司
總經銷　　聯合發行股份有限公司
地　址　　新北市新店區寶橋路 235 巷 6 弄 6 號 2 樓
電　話　　02-2917-8022
版　次　　初版 23 刷 2024 年 5 月
定　價　　新台幣 380 元 / 港幣 127 元

Printed in Taiwan
著作權所有 翻印必究（缺頁或破損請寄回更換）

出　版　　城邦文化事業股份有限公司　麥浩斯出版
地　址　　104 台北市民生東路二段 141 號 8 樓
電　話　　02-2500-7578
發　行　　英屬蓋曼群島商家庭傳媒股份有限公司城邦分公司
地　址　　104 台北市民生東路二段 141 號 2 樓

讀者服務電話
0800-020-299（9:30AM~12:00PM；01:30PM~05:00PM）
讀者服務傳真 02-2517-0999
讀者服務信箱 E-mail：csc@cite.com.tw

劃撥帳號 19833516
戶 名　　英屬蓋曼群島商家庭傳媒股份有限公司城邦分公司
香港發行　城邦〈香港〉出版集團有限公司
地　址　　香港灣仔駱克道 193 號東超商業中心 1 樓
電　話　　852-2508-6231
傳　真　　852-2578-9337

馬新發行　城邦〈馬新〉出版集團 Cite(M) Sdn. Bhd.(458372U)
地　址　　41, Jalan Radin Anum, Bandar Baru Sri Petaling,
　　　　　57000 Kuala Lumpur, Malaysia
電　話　　603-90578822
傳　真　　603-90576622

國家圖書館出版品預行編目 (CIP) 資料
- -
麥田金老師的解密烘焙：糖果 / 麥田金
著 . -- 初版 . -- 臺北市：麥浩斯出版：家
庭傳媒城邦分公司發行, 2015.12
　面 ;19×26 公分

ISBN 978-986-408-100-4(平裝)
1. 點心食譜 2. 糖果

427.16　　　　　104021854